卷首语

2003年是所有中国人难以忘怀的一年。经历SARS病毒的侵蚀后，人们思想发生了深刻的变化，透过浮华背后，思考生命的本质问题。而今，"自然"、"环境"、"健康"由空洞的字面赋予了实在的内容。

对规划师、建筑师而言，如何在建筑过程中更多地采用环保材料，使用节能手法，从建筑过程、施工、制造等生产环节提高环境意识，就更加引人注目了。

这也是《住区》本期的主题"木结构住宅"的背景所在。

任何一种结构体系，都有自身的生命力。木结构建筑的构造体系并不是一成不变的，在打破原有传统结构体系进行创新的同时，将木结构与钢结构、混凝土技术彼此取长补短也会为木结构技术的应用带来新的春天。

目前木结构体系在住宅领域使用较多的是低密度住宅。低密度木结构住宅因其在规划、建筑方面的鲜明特色以及施工装配程度高、室内装修一次到位等特点，逐渐赢得市场认可。当然木结构建筑需要关注防火、防潮、防白蚁等的处理。木结构住宅体系与钢结构住宅体系的发展可促进住宅产业化的进步。

本期《住区》的地产项目版块重点介绍了天津万科水晶城的项目。该项目延续城市历史文脉，通过保留、对比、改建、叠加等手法，将用地上原有的建筑物和构筑物巧妙地融入新的规划建筑中。既保留历史，更要激活历史。天津万科水晶城项目还有引人关注的一面——其"情景花园洋房"的户型申请了住宅专利。申请住宅专利的利与弊，就留给市场和时间来评判吧。

住宅研究中的"Universal Design ——适用于住宅设计的全新理念"一文，介绍了Universal Design理念的核心内容"以人为本"。其革新性的概念即是改变以往的以健康的成年人为对象的标准设计，而充分考虑各种人群的多种使用需要而进行灵活的适应性强的通用设计。建筑界需要落在实处的"以人为本"。

NO.11 01/2004

图书在版编目（CIP）数据
住区.1．木结构住宅／清华大学主编.
－北京：中国建筑工业出版社，2004
（中国住区设计研究丛书）
ISBN 7-112-06398-1
Ⅰ.住... Ⅱ.清... Ⅲ.①住宅－建筑设计－世界②木结构－住宅－建筑设计－中国 Ⅳ.TU241 中国版本图书馆CIP数据核字（2004）第022975号

开本：889X1194毫米 1/16 印张：6
2004年3月第一版 2004年3月第一次印刷
定价：25.00元
ISBN 7-112-06398-1
TU·5650(12412)
中国建筑工业出版社出版、发行（北京西郊百万庄）
新华书店经销

深圳彩视电分有限公司制版
东莞市星河印刷有限公司
本社网址：http://www.china-abp.com
网上书店：http://www.china-building.

目录

主题报道 木结构住宅

建筑实例

地产项目

住区

COMMUNITY DESIGN

主 办：中国建筑工业出版社
联合协办：清华大学建筑设计研究院
银都国际集团有限公司

编辑部地址：深圳市福虹路世贸广场A座1608
编辑部电话：0755-83003087
传真：0755-83690777
邮编：518033
电子信箱：zhuqu412@yahoo.com.cn
发行电话：010-68393745 010-62335133
发行传真：010-68359205

CONTENTS

封面：岐阜县森林文化学校

主题报道

木结构建筑

优雅，温馨，自然 ——木结构低密度住宅研究

王志军 张 涤

木材是一种悠久的建筑材料，也是一种亲近于人，令人愉悦的材料。在中国古代，木结构建筑取得了辉煌的成果，在当今欧美及日本，木结构住宅占有相当大的比重并受到人们欢迎。随着房地产市场的需要以及可持续发展、生态环保的观念在国内日渐盛行，新型的木结构住宅近年来也开始出现在北京、上海、杭州、深圳等地，并在房地产市场上得到认可。由于结构规范的规定，木结构建筑不能超过三层，且建房木材及构件多数为进口，成本较高，故国内的木结构住宅体现为高档次、低密度、别墅化的特点，并以其总体规划上优雅自然的外部环境及单体构成上绿色健康的内在品质吸引了有一定经济实力的购买者。尽管目前国内木结构低密度住宅在总的住宅建设中只占很小的比例，但它在砖石混凝土材料为绝对主流的住宅中，显得尤为清新别致，并体现了深厚的人文背景，巨大的生态价值，独特的建筑风格以及施工建造上的产业化优势，代表了某些先进的潮流，对旧的理念也构成了一定冲击，因此很有必要对其从多个层面进行研究，以期得到在现今国情下，对木结构低密度住宅的正确认识和最优化设计，并为相关政策法规的制定提供借鉴。

一、木结构住宅人文历史背景与现今发展潮流

众所周知，木结构房屋在中国古代的历史相当久远，在木结构建筑建造上，曾经达到过登峰造极的地步。实际上中国对砖、石、土结构也掌握得很早，并一直在使用，如陵墓和砖塔，且据记载中国的拱券构造早于西方。之所以木结构建筑能成为中国古代最大量、最有代表性的一种形式，是因为它是一种经过选择和考验后建立起来的技术标准，被确认为是最合理的构造方式，在节约材料、施工时间和劳动力上，木结构比砖石建筑要优越得多。"在达到同一需求和效果的前提下，中国木结构建筑是世界上最节省的建筑，换句话说也是最经济的技术方案"（李允钚语），显然从这个角度发掘出的木结构的技术优势，在今天也是同样存在的。另一方面，木结构房屋符合古代中国人的哲学观、人生观，代表了一种朴素的天人合一的思想。西方有很长时间推崇"神权"，神是永恒的，把建筑物看作一种永久性象征，能够花几个世纪的时间去建造教堂、神庙等具有永恒精神的纪念物，因而西方古建史是一部砖和石头的史书。而在中国的人本主义中，把人看作是暂时的："固知千年事，宁知百岁人；足矣乐闲，悠然护宅"（计成《园冶》卷一第五节），其意为物可传千年，人生却不过百岁，人和物的寿命是不相称的，我们创造的居住、生活环境和自己可使用的年限相适应就够了，何苦企图使子孙百代在自己所创立的环境下生活呢？何况他们并不一定满意我们替他们所做的安排。这种新陈代谢的思想，在强调可持续发展的今天看来是尤为先进的。

再看现在木结构住宅的发展，情况似乎反了过来，国内除了极少数的地方民居和旅游、文物建筑，普通的住宅已难觅木结构的踪影，几乎完全是砖石混凝土的天下，而在国外，木结构住宅则再常见不过，并已形成健全的产业（表1）。

在美国，政府制定了建筑业中增加木材使用量30%的目标，以尽量减少砂石水泥的使用。在欧洲及日本，木结构的成本与混凝土及钢铁相比，价格上具有明显的竞争力。在我国的台湾地区，调查显示，独栋的木结构住宅比砖石水泥结构的要便宜10%左右。显然木结构住宅在当今世界范围内相当具有生命力，并有继续推广发展的趋势。出现这种差异，一方面因为自然资源的不同，另一方面和社会观念与建筑产业模式有很大的关系。木结构住宅能充分体现当今建筑界十分倡导的节能、低污染、可回收、对环境低冲击等理念，也便于快速施工、装配，形成标准化、预制化、产业化，节省人工，提高效率，具有明显的生态和社会意义。

二、木结构住宅的生态意义

中外木结构住宅年建筑量比较 表1

国家	每年新建房子总量（栋）	其中每年新建木结构房子总量（栋）
美国	150万	127万
日本	120万	565 000
欧洲	190万	85 000
韩国	50万	1 200
中国大陆	400～800万	890

制造木材耗费能量与其他建材的比较 表2

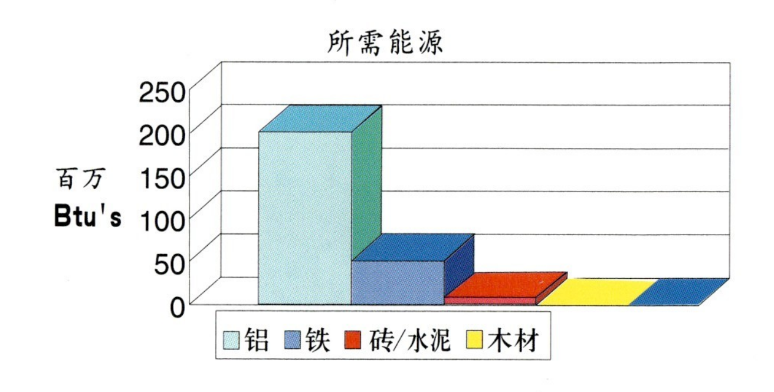

木材可靠、耐用、亲人，合理使用木材建造房屋能保护和发展自然资源，带来健康自然的居住环境，是建筑材料中的最佳选择。

1.使用木材能有效节省能源

木材是天然、可再生的材料，木材的来源——森林可吸收大气中的二氧化碳并制造大量氧气。而制造1m^{3}的铁，会释放5.3t的炭污染物，生产1m^{3}公寓的水泥，会释放1t的炭污染物。生产一根钢柱比生产一根木柱多消耗9倍的能源，生产单位面积的铝挂板比木挂板多消耗5倍能源（表2）。木材的隔热保温性能是混凝土的8倍，钢材的413倍，铝材的2000倍。在德国，与一般建筑相比，木结构房屋可全年节省30%的能源费用。我国建材产业对能源的需求呈几何级数递增，所带来的污染也日益严重，建筑物维护使用中浪费的能源也相当惊人。而在量大面广的住宅建造中合理引入木结构的比例，无疑会为改观这种不利局面提供一种思路。

2.木材可循环再生，不留垃圾

我国目前普通住宅的使用年限为50年。建筑物的寿命结束后如何处理大量的混凝土垃圾是一个头疼的问题。弃置处理无疑会争夺我们有限的生存空间，并对环境造成破坏。而一般性木结构建筑的使用时间为40年左右，重要的更长，有的古代重大工程则屹立了几百年。建筑木材使用后可轻松地转化为所需物质，或被生物分解，是一种可循环再生的不污染环境的环保建筑材料。

3.木材安全健康，无辐射，对人体完全无害

近年来，住宅中采用的天然石材、混凝土及砖石等建材的辐射性所带来的危害越来越引起人们的关注，并制定了一系列的检测、限制辐射强度的标准。但上述材料即便是满足标准的也多少含有一定强度的辐射，况且有些地方根本就缺乏检测防范的法定程序，往往是已经对人身造成了损害，引发病症后才被发现。而木材作为一种安全的材料，无论是用来做结构还是做装修均全然不会带来上述危害，真正做到了绿色、健康、环保，木结构住宅是一种适合人生理和心理的健康的住宅。

木结构由于其自身材料的优点也带来木结构住宅规划建筑上的特色，当然其不利之处也需要在构造处理与施工中加以改进防范。

三、木结构低密度住宅规划、建筑的鲜明特色与重点处理问题

如前所述，我国新近出现的木结构住宅由于成本的原因，绝大多数为低密度高档次的独立住宅，实际上为木结构别墅区。它的出现自然反映了一种先进材料及建造方式的要求，但在国内更多是由于房地产市场的需要，即一定层面的消费者对木材这种传统天然建材的偏爱。因此现有的木结构低密度住宅还是一种高端产品，在规划环境上较为优越，在内部房型上较为豪华，故在消费层次上，与国外木结构住宅作为一大类普通低层住宅有较大差别，而在具体构造特点上则大体相同，有的干脆是进口美国木制别墅在现场拼装而来，与中国古代木结构民居已是天壤之别。

现在所指的木结构建筑，是以木料为主的建造方式，包含建筑物每层楼由内到外的建造，并由平台构建每单位一层高的外墙和室内间隔（图1）。这种方法一般称为平板构架木建筑。建造多层的建筑物毋须使用复杂的脚手架，因为每层楼都提供安稳的工作台来进行接下来的工程。

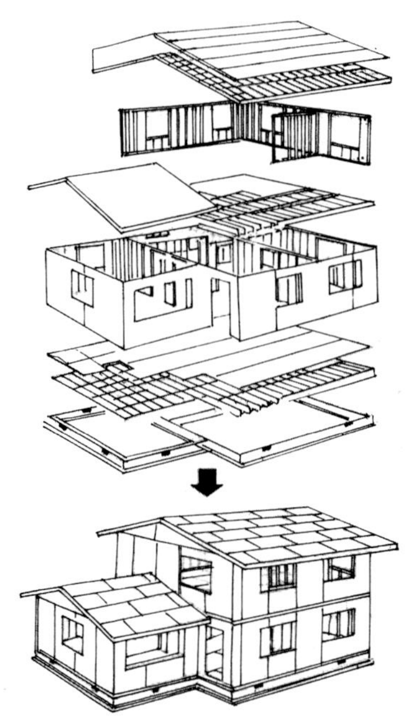
1

无论木结构住宅的室外使用何种合成材料，位于地基墙或水泥板上方的所有建材，包括地板、壁板及屋顶，均以木材和胶合板为主。泥灰加工漆、砖石、水泥和木板合成材料一样可用于室外墙面。

木结构建筑既不复杂也不困难，不需要高技巧的专家，不过在使用材料方面以及应用既定资料和已印证的建造方式上，必须具备实际常识。

1. 木结构低密度住宅的规划特色

因为木结构较为坚固，自重轻，耐候性强，可使用的地域范围很广阔，对建筑工地也有广泛的适应性，对地基承载力要求不高，故不必做大的开挖、回填和很深的桩基，对地形地貌的改变最少。尤其是设计别墅区时，往往选址在风景秀丽、植被丰富的地段，木结构别墅更能因山就势，错落有致地分布构图，摆脱了很多限制，对环境破坏减少到最低，能创造出形态丰富、融合自然的规划布局。因木材的耐火极限不如砖石，在间距上要符合国家规范要求，必要时可局部加设防火墙。

2. 木结构低密度住宅的建筑特色

同其他类别的别墅和居所相比，由于木结构住宅具有灵活、生态等长处，我们可以把注意力更集中于对人的服务上，摆脱各种结构上、

1.现代木结构住宅的基本结构示意

技术上的羁绊，为人提供一个更纯粹的空间和设施，可以把每一个细节做得更地道、更关爱。

现代的木结构低密度住宅的单体构成均具备主人生活的各种必要空间和设施，一般可分为五大功能区，各区都由若干独立但又互相联系的房间或单元组成：

（1）正式起居活动区：客厅、餐厅；

（2）非正式起居活动区：家庭活动室、书房、厨房、文体活动室、花房；

（3）安静休息区：主卧室、卧室、儿童房、浴厕；

（4）生活服务区：汽车库、洗衣间、储藏室、杂物间、平台、阳台、地下室；

（5）辅助区：门厅、门廊、楼梯、花房、游泳池。

上述空间可灵活组合，空间流动而又富有层次，充分利用了木结构的弹性设计，能创造出灵活多变的室内空间，适应市场的多种需求。

现代豪华一些的木结构住宅，将传统欧美建筑风格与当代新技术相结合，解决了防虫、防震、防漏、防潮等一系列问题。事实上，与其说木制预制装配房屋的出现是建筑思想与技术上的创新，不如说它是建筑材料与工艺上的革命。它对传统的石块砖瓦等建筑材料进行了全方位的挑战，在轻便性、防震性、防潮性、保温性等方面显示出其潜在的优越性。

（1）防震性能优异：建筑全部采用木制结构及各种轻型辅助材料，大大减轻了房屋本身的重量。一面木材料的墙体（约3m × 3m）的总重量不到500kg。各部件之间的连接部件都为特制的耐用金属制品，使房屋结构有更好的整体性。1989年旧金山发生了7.1级大地震，此类型的房屋无一倒塌。通过历次地震所造成损失的比较（表3），木结构住宅是最低的。

历次地震不同结构住宅损失比较表 表3

地震地点及时间	级数	死亡人数（约）		木结构房子数目
		全部	木结构	
阿拉斯加（1964年）	8.4	130	〈10	
旧金山（1971年）	6.7	63	4	100000
Edgecumbe（1987年	6.3	0	0	7000
Saguenay（1988年）	5.7	0	0	10000
Loma Prieta（1989年）	7.1	66	0	50000
Northridge（1994年）	6.7	60	16+4	200000
Hvogo-ken Nambu (Kobe)(1995年)	6.8	6300	0	8000

（2）保温性能出色：这一性能主要是通过墙体、地板及顶棚中的保温材料实现的。该保温材料为特制的玻璃纤维制品，形如海绵，中间充满了空气，因而可以夏天隔热，冬天防寒。保温材料的厚度，可根据不同地区的气候条件进行选择，最冷可耐 -40℃，最热可耐50℃。

（3）隔声性能出众：通过在墙体、地板及顶棚内放置具有保温及隔声双重功效的材料，消除噪声的干扰，可以很轻松地达到或超过砖混结构房屋所具有的隔声性能。

（4）木结构房屋在设计上可以尽可能地采用先进的设计思想，中央空调低送风、屋檐设导流板、屋脊设通风板，室内与室外形成不间断循环，达到冬暖夏凉的效果，这是砖混结构无法实现的。

木结构住宅的屋顶往往采用坡顶这一传统形式，更符合人们心目中"家"的形象，而上面彩色沥青挂瓦则采用了新技术新材料。它与传统的屋面瓦相比，具有许多优点。

（1）彩色沥青瓦的荷载相对较轻，对整个结构的承重和抗震有利；

（2）彩色沥青瓦造型优美，色泽丰富；

（3）彩色沥青瓦的防水、防虫性能优异。

同时屋面系统还设有通风板，在屋檐的底部和屋脊用通风板能够保持一种持续的空气流动，消除滞留的潮气。通风口特殊的设计能够引导风，甚至是很小的微风。通风口上下产生一个负压区，这个负压能有效地排出阁楼中的污浊空气，同时也能引导雨水和雪的排出。空气过滤装置能阻碍由于风吹而导致的雨、雪、灰尘的渗入和昆虫的进入。结实耐用的铝制屋檐板，采用仿木的外形，美观防潮，是屋顶排水系统的组成部分之一。

相对合理的物理环境，不难给人带来一个舒适的生态环境。

对于木制别墅的"眼睛"——窗户，大都采用铝木窗。铝木窗外部饰以铝材，以一种抗腐蚀的锶铬酸盐封口，然后饰以白色和铜栗色等涂层。年复一年，毫不褪色，具有坚韧的持久性。木材经过加压防腐处理，分子内有一种防腐的保护剂，这不仅能延长窗户的使用寿命，也节省宝贵的时间。它使用一种特殊的低能耗玻璃，在双层玻璃中填充氡（一种惰性气体），在玻璃中涂有一种看不见的全金属膜，能够有效地将室内或室外热量反射回去。铝木窗结合了木材天然的美观和木材杰出的保温性能。铝木窗夹层采用PPG空间技术，发挥保温玻璃的高效性能，达到了最大程度的能源节省，最大程度地保持室内温度的目的。

门的形式多种多样，材质各异，有极大的选择空间，可呈现和组合出多种不同风格。其入户门多采用橡木外门，配以美观的装饰玻璃设计。一些实木门的开裂是由于温度的变化和木材中存在应力。橡木板在抗裂性能方面性能优异，它可给家居增加安全感和豪华感。

3. 低密度木结构住宅中需重点关注的几个问题

木材也有自己的缺陷，如耐火性、防腐、防白蚁等均不如砖石混凝土等建材，故在设计建造时应重点处理。

(1) 对于木制结构，防火措施显得尤为重要。外墙的挂板、砖均应为耐火材料。墙体内通过使用防火石膏板，增强防火性能，很容易达到与砖石结构建筑相同的防火性能。1991年，在日本大地震中，有些木质结构房屋表现出极其出色的防火性能，达到2个小时。室内及车库等部位均应装设感烟探测器，可预报火警，防患于未然。所有结构用料，皆可采用以防火液浸泡的方式，在不改变其力学性能的前提下，提高其防火、耐火性能。现今已能做到木材比钢材更能在火灾中保持安全强度（图2）。

在北美地区，木结构因火灾造成的损失和用砖石材料建造的住宅差不多，在日本，现允许在人口密度大的市区建三层高的木结构住宅。经实验，木材每分钟烧焦约0.6cm，碳化的部分形成一层隔离带可保护下层木材。故大的建筑木料可设计成一小时耐火时效，为达到这一标准，木结构构件的断面尺寸至少为17.1cm × 34.3cm（三面燃烧时）及17.1cm × 68.6cm（四面燃烧时）。对于木结构的金属连接件，为达到防火的要求，必须要求一定厚度的木材及石膏板或其他耐火材料覆盖。

另外，在各通风口、管道、烟囱及火炉旁边均应使用防火材料。为防止火焰及气体蔓延，应对隐蔽的小的建筑空间进行适当隔绝。

(2) 木结构住宅外墙应设有一系列的材料保证防潮、防水。一般最外层为乙烯基挂板，该材料具有多种功能，耐腐蚀，有极好的防水功效。次外层为防水纸，这是一种特制的玻璃纤维纸，经久耐用，贴在墙体上，不仅隔绝空气，也阻挡了潮气的侵入。最里层为"OSB"板，这是一种经压制处理的木板，受潮时不会变形，从而保证了木制墙体不受潮气侵蚀。屋顶铺有玻璃纤维沥青瓦和防水油毡。

(3) 木结构住宅较易受白蚁侵害。白蚁多分布在热带，亚热带地域，这一地区的特征是温度高、雨量大、湿气多。我国白蚁大部发生在南方各省，如广东、浙江、江苏、湖北、湖南、福建等地。白蚁生性嗜食植物性物质，木材也是白蚁侵食的主要对象，并常潜伏在木材内部为害。为了有效地防治白蚁，可采取以下措施：

A：选择地势高、排水优良的基地，并加以整治，确认地下无断根、残桩等木物质；

B：屋柱与台阶使用的木料下应设有水泥台座；

C：设置防白蚁金属板防止白蚁从地面进入；

D：厨卫等常用水的房间适当集中；

E：地板下的基座至少高30cm；

F：保持地板下、阁楼内空气流通，木器保持干燥；

G：房屋定期检查，建造完成后要及时清除基地附近土中残留的木质物品。

总之，防火、防水和防虫的问题只要措施得当，完全不影响木结构低密度住宅的正常使用及推广。

四、木结构低密度住宅对我国住宅产业化的启示

目前我国住宅产业化的进程比国外有较大差距，不可否认以砖石混凝土为主要的建筑材料是其中的一个原因，因为它们大多要在现场砌筑和浇铸，需要大量人工，建造周期较长，标准化、工业化、预制化的障碍较大。在这样的大环境下，我国的设计、施工等行业对混凝土以外的材料认识不够，更不用说有创造性的设计和发挥了，建筑师中懂得钢结构的不多，了解木结构的更少。而国外许多知名建筑师的不少名作却有很多是木结构的教堂、学校与住宅等等。在美国，木结构低密度住宅成为成套出售的商品，根据市场需求，从建筑风格上有乔治式、都铎式、哥特式、西班牙式、法兰西式与维多利亚式六种，从面积上分有各种不同的大小，从豪华程度上有配置齐全的豪华型，也有经济廉价的简易型。在客户根据图纸选定样式后，可以迅速地从工厂调来成套部件在现场装配，带水作业很少，比砖石结构的房屋可节省50%的营建时间，也可简少室内二次装修的工作量（图3，4），价格也相对便宜。出房率快了，投资效益也明显提高，这也是国外钢

2.火灾后木梁（左）与钢梁（右）的损坏比较

3、4.木结构住宅可减少二次装修的工作量，成本及干扰

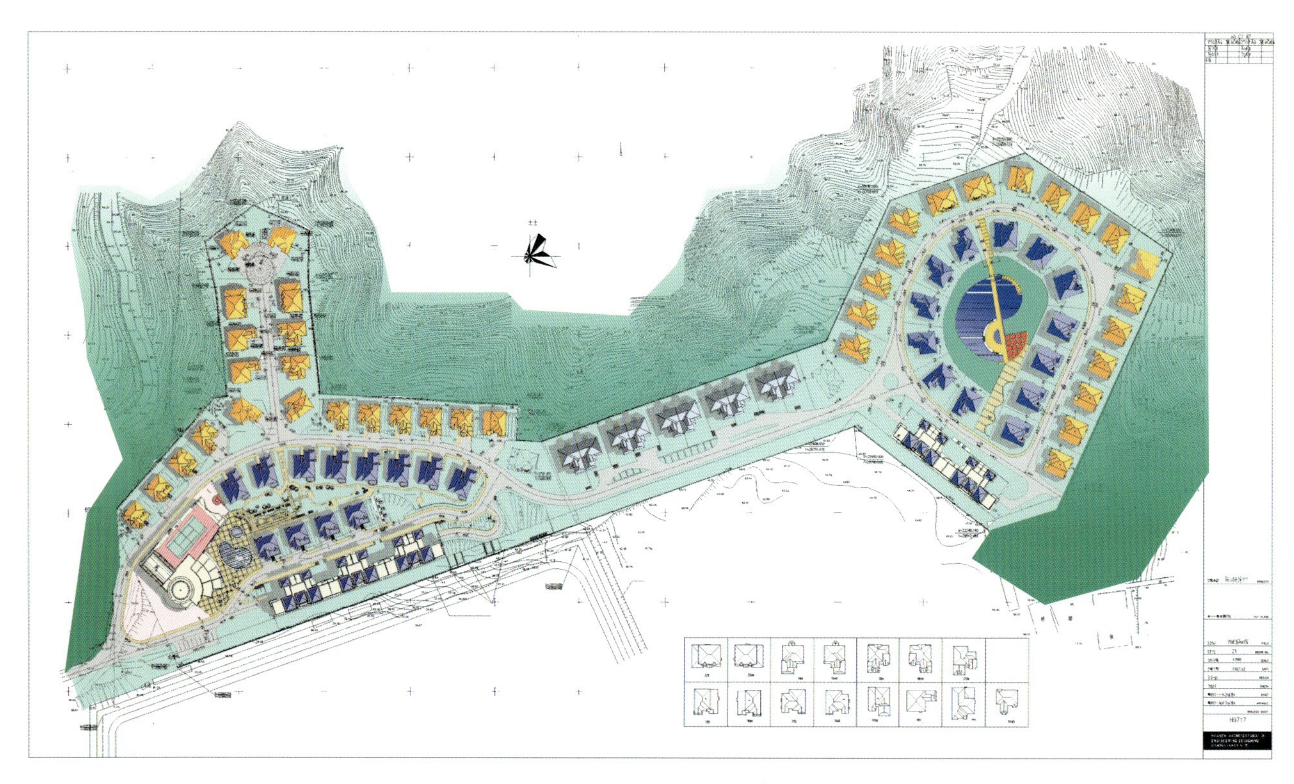

5

结构、木结构建筑大行其道的原因。可见，木结构住宅与钢结构住宅一样，其发展与推广受我国整个建筑产业的制约，反之又能推动建筑工业化的进步。现在我国有意识地推动钢结构住宅的研究便出于此种考虑，而木结构低密度住宅的出现无疑能起到同样的作用。

五、木结构低密度住宅与国家资源的关系

在欧美、日本等国家，木结构住宅较为普遍，无疑因为它们有丰富的森林资源。我国古代木结构建筑成为主要形式也是因为当时森林资源丰富不缺木材，现在木结构建筑几乎绝迹，则是因为我国的森林资源极其贫乏。有不少人认为，中国古代发展木结构建筑造成了现今森林的减少。其实这并不存在直接的关系，关键在于缺乏森林资源管理和可持续使用的思想。一般性木结构建筑的使用时间为40年左右，一般木材的成材时间为20～40年，这就为木材植伐的动态平衡提供了可能。国际上盛行使用有持续来源的木材来建造住宅、装饰室内，就是考虑到必须伐植平衡了才能达到森林资源的平衡。在美国，超过33%的森林已过成材期，每年种植树木2亿棵，则必须维持一定比例的开采。在日本，为保持本国的森林资源，则进口大量的木材用于住宅建设，因此，虽然日本资源有限，而木结构住宅未见减少。在我国，如今大量伐木用于建材是不可能，但应努力建立植伐的良性平衡关系，当建材用林成为经济颇丰的产业，大量种植也就不难推广。另外，有意识地从国外进口木材也是一种途径。

六、木结构低密度住宅在我国的前景展望

由前文分析，木结构低密度住宅的种种优势和先进潮流，决定它在我国存在并发展是有一定道理的，作为一种商品住宅的高端产品还是有市场需求的，在符合各种法规的前提下不宜因为国家资源的匮乏

6

而禁止。而作为大量的木结构住宅，在短期内还不可能实现，它将随着国家资源与经济实力的不断提升而逐渐得到发展，同时促进住宅产业化的进步。另外国内关于木结构住宅的经验还比较稀缺，这对于中国古代优秀而辉煌的木结构建筑成果无疑是一种缺憾。

七、低密度木结构住宅实例解读

笔者曾经主持设计了深圳"仙湖山庄"木结构别墅区的设计，为较为典型的新型商品化木结构低密度住宅，已于2001年竣工，开盘后得到了市场认同。"仙湖山庄"位于深圳仙湖植物园南麓，为一山地区域，植被丰富，风景优雅。整个场地规划充分发挥木结构住宅的灵活性，随着地势灵活地布局，尽量融入景观，贴近自然，创造出一处幽静的世外桃园。住宅内部面积较大，有250m²~450m²不等，空间分割灵活，辅助功能齐全。主体结构为木柱梁，外墙采用聚乙烯挂板和面砖，屋面采用沥青瓦，空调系统为集中空调低送风，门窗密封性良好，室内环境舒适。整个小区共有28栋纯木制别墅，容积率0.45（图5，6）。

作者单位：深圳华森建筑与工程设计顾问有限公司

5.深圳"仙湖山庄"木结构别墅区总平面图
6.深圳"仙湖山庄"木结构别墅区组团群体

重塑木结构建筑文化

叶晓健

近年来，国际上不少建筑师对于木结构建筑进行了多方面的尝试，从小规模的住宅到大规模的体育场馆，但是其中很多作品只是用木材作装饰材料，而真正通过建筑构成反映出木结构本身魅力的设计并不多见。一座建筑用什么材料来建造在很大程度上决定了建成之后建筑空间的式样和风格。在提倡"自然"、"环境"、"健康"的社会呼声下，建筑师需要在建筑过程中更多地使用节能手法、采用环保材料，从设计、施工、制造等生产环节提高环境意识，所以木结构建筑的意义也就更加引人注目了。这也是我们重新提出"重塑木结构建筑文化"的背景所在。

顾名思义木结构建筑指的是木材不仅仅作为装饰材料，而且作为主要结构材料使用在屋顶、梁柱、承重墙等建筑主要受力部分。作为传统建筑材料，木材的质感、美感，是区别其他建筑材料的主要因素。同时，木材还具有很多其他优越的特性。

1.木材的热传导率相对较低：水的热传导率是1，大理石是5，混凝土是1.5，铁则达到了105，而木材只有0.5左右。热传导率越低，它就越能保持持续的温度，不会因为外界影响而产生迅速剧烈的温度变化。

2.木材的保温抗寒效果好。木材内部具有丰富的植物纤维，充满了孔隙，具有很好的保温抗寒效果（日本在南极昭和基地的居住区就是以木结构为主）。在冬天站在混凝土地面上和站在木地板上面的感觉完全不同，我们进行家庭装修时，木质地板越来越受到青睐。由于木材含有萜（烃）等有机化合物，不同的木材还会散发出来不同的芳香，具有除臭、抗菌、防虫等效果。

3.木材还具有调节湿度的功能。木材内部包含大量水分，调节能力十分惊人。比如在日本有大量的木结构住宅，一栋一户建[1]的住宅使用大约20m³的木材，其中一根柱子一年的水分容量可以达到700ml[2]，整栋住宅的调节能力更强。由于木材对于温度、湿度的调节能力，很多古建筑、古墓中的文物才能够饱经日月风霜。

4.本材具有很高的强度。建筑作为人们日常生活的据点，不仅仅要满足各种社会活动的使用要求，而且还要抵抗台风、积雪、地震等自然灾害。在构造的强度表现上要求在两个方面，即刚性和柔性。传统的木结构构造方法通过水平构件将列柱贯通连接，形成立体的构架，结合砖土墙壁具有的刚性和强度，达到与柔性共存。这样不仅可以对抗地震，而且也增强了建筑整体的气密性。所以，木材的美感也反映在它的结构上——刚柔并具，结构与建筑空间作为一个整体表现出来。在建筑中"强"与"美"相互结合和统一，才是建筑感动人们心灵的根本。

木结构建筑是最纯粹的环境建筑。我们反复提到的"环境建筑"，"生态建筑"，最基本的不仅仅是建筑自身具有生态性，而且对于整个地域环境也具有生态效应。如果考虑到建筑材料对环境的影响，从获取直到使用和抛弃整个过程中，到目前为止木材都是最能够保护环境的。美国西式住宅公司就木材，钢材以及混凝土等建筑材料在加工过程中消耗的能源进行了对比研究，得出论结论是：加工木材比加工其他建筑材料更节省能源，使用木材对水资源产生的污染较少，再者，生产木材的过程，也就是树木成长的过程，是一个天然的空气净化过程。树木可以吸入二氧化碳，吐出氧气；木材在使用过程中产生的固体废物较少。由于木材可以以很多形式使用，几乎一棵树的所有部分都能被利用，因此固体废物的产生被降到最低。混凝土的材料是石灰岩，它是在地球形成初期，在海洋中的微生物通过二氧化碳作用沉积而成，浮游的氧气与铁发生化学反应沉淀成为铁矿石，这些都是无法进行生产利用的，是有限的资源。提倡使用可循环的建筑材料是目前国际上越来越重视的课题，发展木结构技术符合当今全球建筑潮流的发展方向。另外，木结构建筑还具有维修方便，易于解体重建等特点。

我国曾经是一个以木结构建筑为主体的传统文明古国，拥有丰富灿烂的木结构建筑文化和建筑遗产。古代木结构建筑所体现出来的不仅仅是近乎完美的营造法式，与传统建筑空间相互共鸣的空间格局，而且对于当时建筑结构形式、施工方法、工程管理所体现的木结构固有的特点而言，都代表了先进的生产力。可是在中国现代建筑之中，

1. 东大寺，奈良，始建于728年，是日本最大的木结构建筑；摄影：叶晓健

当代木结构建筑已经近乎销声匿迹，很多人认为谈论木结构建筑是老调重弹，木结构建筑退出历史舞台是时代进步的标志，守旧的结构形式被钢筋混凝土代替是科学技术进步发展的标志等。其实，作为一种建筑结构材料，它形成的构造体系并不是一成不变的，如同人们对于混凝土、钢结构技术的不断追求一样，木结构本身也具有巨大的生命力，在打破原有传统结构体系进行创新的同时，将木结构与钢结构、混凝土技术彼此取长补短也会为木结构技术的应用带来新的春天。

同中国等大多数东亚国家一样，日本也拥有悠久的木结构建筑历史，由于受到中国非常深远的影响，日本古代的木结构建筑大都沿用了中国的建筑体系（图1）。在公元7、8世纪飞鸟、奈良时代，日本结合中国的建筑技术创造了大量的建筑作品，迄今保留下来的就多达300余栋，像法隆寺、药师寺都是杰出的代表。后来，在此基础上，发展出了众多具有日本特色的木结构建筑建造方法。现代木结构建筑（特别是木结构住宅）在日本得到了繁荣的发展。近年来，日本建筑界发出了复兴木结构建筑的号召，这是侧重于对于新技术、新构造的深入研究、结合环境建筑的普及深化木材的使用，其成果是举世瞩目的（图2～图9）。

在日本的传统中，人们对物质追求的是一个整体，所以建筑不仅形似，而且神似，表里如一，持之以恒。美的形态不仅仅体现在建筑本身，而且体现在其内部的空间，包括工具、杂物等很多实用的工艺品上，它们所具有的美的形态和木结构的建筑空间相互交织渲染，形成的空间氛围是日本传统建筑能够广泛地影响世界的主要原因，而且在很大程度上影响了现代日本建筑的发展。

木结构在日本能得到广泛的应用和发展，首先是木结构建筑符合日本的自然、地理、气候等客观条件。日本是一个岛国，地势狭长，气候湿润，特别是高温多湿的季风性气候不适合封闭型住宅的发展，相反木结构住宅的灵活性可以比较容易地适应日本各地不同的气候特点。而且日本森林资源非常丰富。日本国土面积的65%都是森林，约为2500万hm^2，其中1000万hm^2是人工林，有大约600万公顷的人工林面临间伐期[3]。它的针叶林可开采的年生产量，仅次于北美和俄罗斯，是世界三大资源之一。按照严格的立法保护森林资源，而且积极进行合理开发利用，这些都为日本发展木结构建筑和木结构工程做法奠定了物质基础。

在关东大地震以来的各种城市灾难中，木材由于可燃性高、材料强度计算偏差的原因受到损害的现象比较严重，在大规模建筑中一般不再采用木结构形式。但是随着建筑技术的发展，建筑防火技术的逐步完善，作为日本的建筑设计的基本法——建筑基本法，对于木结构建筑的相关规定自1987年、1994年、1998年的第7次到第9次修正中作了比较大的改动，现在超过3层的大规模木结构建筑已经成为可能[4]。按照现在的日本建筑法规中建筑耐用年限的规定而言，木结构25年，混凝土结构60年，相对都是非常保守的。这是因为为了促进再生产，物资的加速循环，体现出来的现代社会特有的鼓励消费的法规制度，就是人为的、政治性的制度。

现代日本木结构建筑在很多公共建筑之中，创造出丰富、宜人的现代建筑空间。如北川原温建筑都市事务所[5]设计的岐阜县森林文化学校、MIKAN[6]设计的八代市立高田AKABONO幼儿园等几个作品都是近年来在日本建筑界涌现出的木结构建筑的代表作品，它们对于木材与建筑空间、建筑理念的融合之上都体现了独特的匠心。在木结构建筑中，在一些容易腐朽的地方使用耐腐蚀的木材，或者与石材、瓦片等材料共用，可以加强整体结构强度，弥补单纯使用木结构的局限性。比如，一直提倡使用铝合金构件的日本北川原温事务所最近在一系列公共建筑中引入了〝面格子〞的结构形式，独树一帜，这是建筑师与结构工程师合作将先进的木结构技术和建筑意匠紧密结合的成功尝试。我曾经多次拜访北川原温事务所，也参观过丰昭学校等建筑现场，深深体会到从带有未来派色彩、大量使用铝合金结构的大型公共建筑到日趋成熟的面格子木结构体系所反映出来的变化，传统建筑形式与现代建筑技术结合后焕发出的新木结构建筑的生命力（图10、11）。

木结构的发展在强调自身特性的同时，也要充分考虑到材料的互补性，和铁骨、混凝土结合扩大创作的可能空间。通过重建木结构建筑，我们可以更加深刻地意识到今天面对着各种各样的地球环境问题、能源问题。而森林为我们提供了地球中宝贵的可再生资源——木材的同时，也为防止水土流失、保护淡水资源、防止地球温暖化等地球环境做出了不可替代的贡献。对于我们提倡的发掘传统建筑精华，继承优良建筑精神而言，复兴木建筑文化，重新解释、塑造木结构建筑的时代意义，对于建设环境型社会，勾画新的本土建筑特色都具有重大的意义。它将人们日常生活的基础设施与美学、历史、传统的智慧和现代的技术理论相结合，去创造新的历史传统。在提供给人们安全舒适的生活、工作、活动空间的同时，让我们能够早日进入循环环境型社会中，木结构建筑的可发展空间还是非常广阔的。

我们今天提倡的传统不仅仅是向后看，向前看同样也是传统，而且是更加有生命力的传统。

2

3

2．原美术馆（Hara Museum ARC）主入口外观，矶崎新，1988年，群马县涉川市金井；摄影：叶晓健
3．原美术馆展示室室内；摄影：叶晓健　4．大町住宅外观，MIKAN 设计；摄影：COVI
5．大町住宅起居室，MIKAN 设计；摄影：平贺茂

6. 东京大学弥尔讲堂外观
7. 东京大学弥尔讲堂室内展示空间

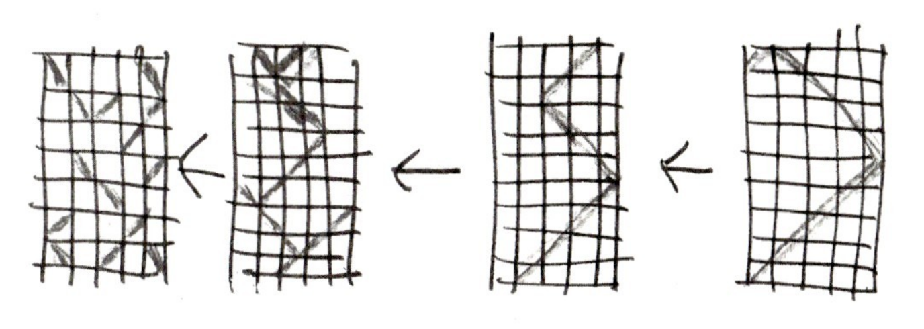

11

注释

1 日本的很多2层、3层的木结构住宅，建筑面积仅在100m²。这样的独立式住宅往往称为一栋一户建。

2 参考：大釜敏正.木空间的优越性.新建筑2003年2月.第149页

3 如果不实施间伐，森林就会任意发展，无法成长出优良的木材，而且容易产生灾害；另外，最重要的问题，荒废成长失去控制，森林的整体质量就会下降，二氧化碳的吸收能力也会降低。如何灵活使用间伐林，而不是简单的通过燃烧释放储存的二氧化碳，是这个方案面临的一个重要的课题。

4 建筑基准法一共103条，每年都有调整和更新，是日本建筑设计的重要法律依据。其中，关于木结构部分的相关条款有十几条，对于木结构建筑防火也有明确的规定。

5北川原温，生于1951年，日本著名建筑师，东京艺术大学建筑系副教授，多次获得了包括日本建筑学会奖在内的众多荣誉。北川原温事务所成立于1982年。具体可以参考网页：http://www.kitagawara.co.jp/top.htm（日文）

6 MIKAN事务所是日本一家非常受欢迎的年轻建筑师组成的事务所，它的主要成员包括：加茂纪和子、曾我部昌史、竹内昌义、Manuel TARDITS（法）。目前和山本理显事务所合作建外SOHO项目。具体可以参考网页：http://www.mikan.co.jp/（日文）

作者单位：日本东京大学工学部

8．百叶窗打开时的样子，目黑住宅，MIKAN设计；摄影，COVI　9．百叶窗关闭的样子，目黑住宅，MIKAN设计；摄影：COVI

10．面格子的最新作品岐阜县立飞骅牛纪念馆外立面结构细部，摄影：内田直之，资料提供：北川原温建筑都市事务所图

11．面格子草图，显示了结构化整为零的裂变过程，北川原温

岐阜县森林文化学校

北川原温建筑都市事务所供稿

地点：日本岐阜县美浓市曾代88
地段面积：63 534.1m²
占地面积：5 794.12m²
建筑面积：7 709.62m²
设计时间：1998年9月～2000年12月
施工时间：1999年10月～2001年3月
造价：21亿日元
工程单价：25.9万日元/m²(约17,884人民币/m²)

使用木材：
柱子：杉木材 90mmX90mm，105mmX105mm，杉木圆柱直径360mm
梁：杉木材 120mmX270mm
外墙：3.67 m³
内墙：5.66 m³
地面：栎木制木地板
顶棚：丝柏12t，加工板材5.5t
木材总使用量：3800 m³（约合8.6万棵）

岐阜县森林文化学校位于岐阜县美浓市美丽的山谷里，周围是日本典型的山庄地区。岐阜县作为日本林木的主要产地，成为森林文化和都市文明的交接地，也是农业的主要生产基地。森林文化学校的宗旨是以"人类与森林共生"为基本理念，培养能够承担建设发展森林和森林文化的人才，是日本独一无二的集教育、实践、研修、科研为一体的，为当地县民提供讲义、实习等继续教育场所的多方面的教育设施。建筑虽然容身于达40hm²的演习林木之中，但是可以作为建筑用地的土地却非常少，为了避免破坏原有地形，建筑采用了分散布置的形式。以用间伐林为材料做成的舞台（以现存的调整池为基础修整的）作为建筑整体的布局中心，与其余建筑之间采用森林漫步道(Forest Walk)的流线形式连接。森林漫步道的流线不仅仅体现了建筑与环境的关系，而且为日后学校教学和实习的场所提供了各种灵活使用的空间余地。建筑师对于空间的体会反映到建筑之中，最小限度地加工木材，减少使用金属连接构件，保持木材固有特色，配合结构工程师在都市与森林连接的氛围之中创造出了生于自然、融于环境的绿色木结构建筑，构造方法与建筑的环境、建筑的形象、寓意都非常一致，开创了木结构建筑崭新的一页。

建筑所使用的木材都来自当地生产的人工林，一共使用了86000棵，约150hm²的森林，创造了建筑面积3000m²，外围800m²的全新的木质空间。虽然是一个巨大的数量，但是对于岐阜县而言，只是供紧急使用木材的森林资源103000hm²的15%[1]。

由于间伐林材都是一些尺寸较小的木材，所以建筑的尺度要控制在什么程度，常识是使用加工的集成材，并且用大量的连接金属构件，而集成材和金属构件都是耗费了大量的能源生产的加工产品，就是间接地向大气中排放了大量的二氧化碳，不符合绿色理念，也与使用间伐林提高森林的二氧化碳吸收能力的宗旨相违。所以，北川原温的设计出发点就在于不使用集成材、减少使用金属构件。结合构造工程师稻山正弘的提案，选择了"面格子"和"树状立体构架"，通过大量的比较和试验证明，面格子构造形式通过彼此咬合形成各个结合部分散了受力，不仅不使用金属构件，而且利用木材固有的特性足以抵抗变形带来的力矩影响，不论多大的变形都可以恢复到原有的式样。

用圆木构成的树状立体构架极大限度地控制了金属构件的使用，如同树木枝与干的关系，枝与小枝的关系，可以说非常自然、直接地模仿树木自然生长的式样，虽然整体的感觉有些复杂，但是构架彼此之间的关系明朗、自如，完全符合建筑追求自然的意境。

值得瞩目的是建筑采用的结构形式，因为通过现代材料设计的混凝土和玻璃幕墙式的实体很难和周围绿色的环境相互融合，而当人们漫步在森林文化学校中时，人们感到的是与传统木结构建筑完全不同的空间。古代传统的技术，或者最先进的非线性的复杂解析方法都无法设计木造建筑，近代的结构和体系具有均一的一定的特性，进行单纯的计算。面格子结构方法继承发展了传统的木结构构造，探索各种各样的空间的可能性。面格子在极大限度地满足通风透光，而且在形成的建筑立面和建筑内部形成了丰富的阴影。

注释
1.岐阜县的森林面积约为86万hm²，其中37万hm²为人工林，年间采伐目标是8000hm²。
摄影：大野繁

1. 森林文化学校局部鸟瞰图

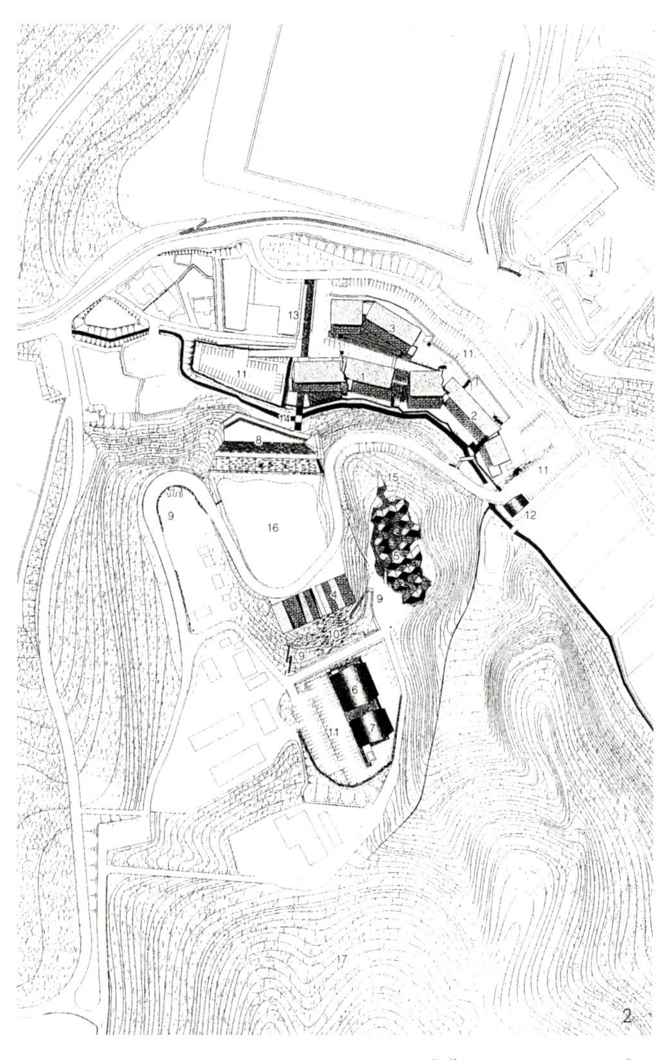

2. 总平面
3. 森林文化中心的建筑空间与环境紧密结合
4. 文化中心建筑群一层平面图

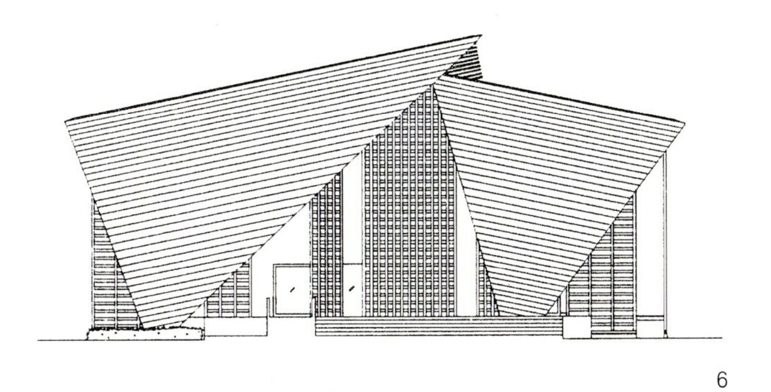

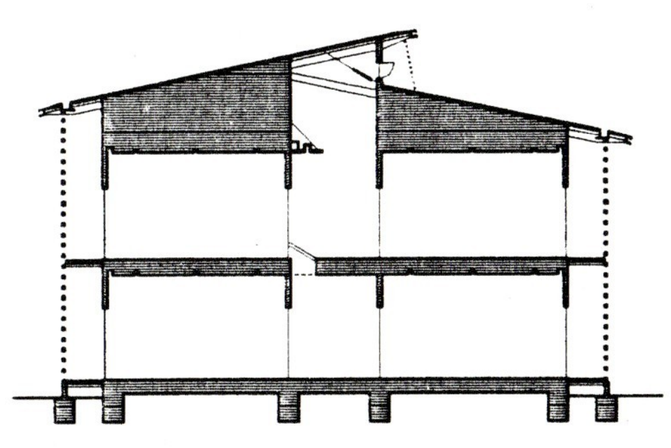

5. 面格子的构造按照使用寿命和更新频率分为三层：最容易磨损的木通道部分，暴露在外面的面格子部分和寿命最长的位于内部的面格子结构

6. 文化中心西侧立面图

7. 多媒体实习中心剖面图

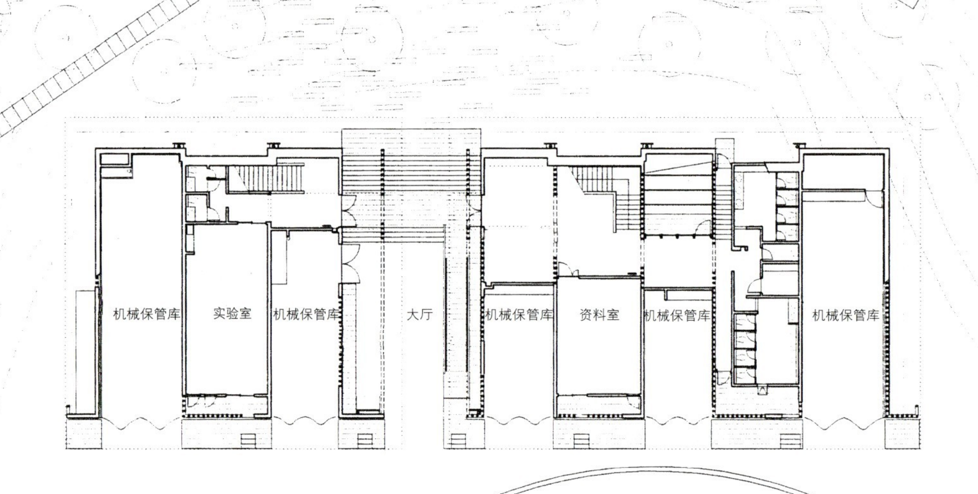

11

8. 屋顶设计体现了美浓地区浓厚的文化传统和建筑特色
9. 面格子的结构形式不采用金属连接构件，体现了与环境共生的主题
10. 雨罩下面的半室外空间为室内环境形成缓冲区
11. 技术中心一层平面图

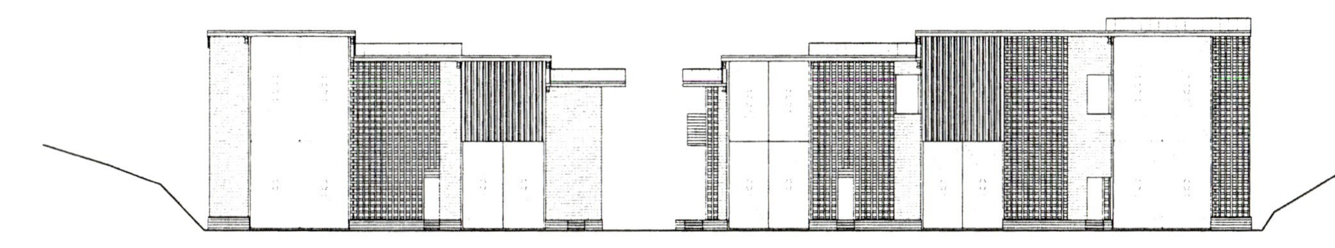

12. 施工过程充分考虑里山的自然环境，减少对周边影响
13. 技术中心的面格子构造巧妙利用木材的本身性质，通过结构组合弥补了单纯做法的单调性
14. 技术中心西侧立面图

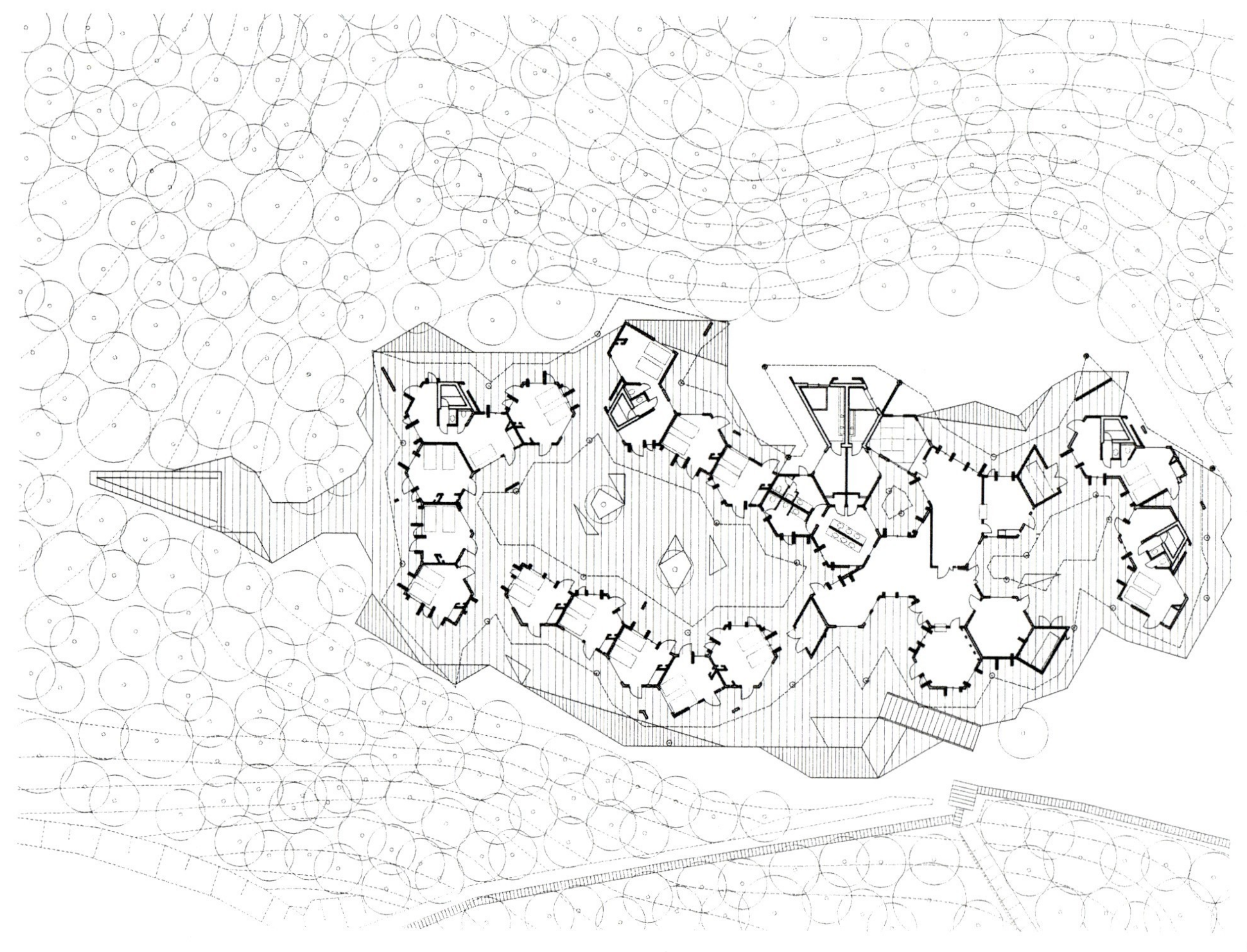

15.屋面围合出来的廊下空间提供了舒适的户外环境
16.林间散步小道与建筑外围的防护沟
17.森林小屋别墅区一层平面图

18

19

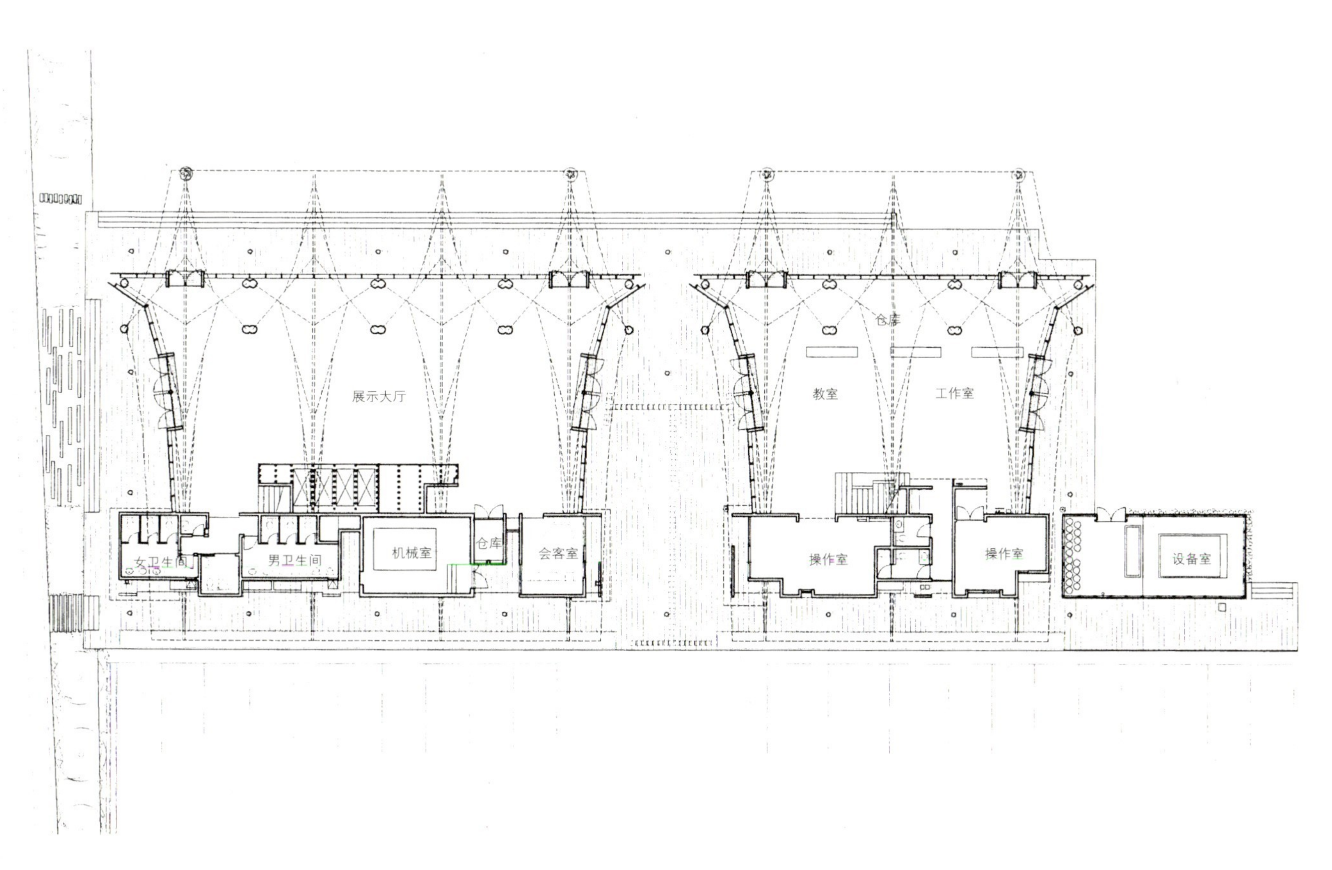

20

18. 情报中心和工房采用树状桁架结构

19. 情报中心在膜状屋面结构覆盖下形成宛如灯笼一般的造型

20. 森林情报中心与森林工房一层平面图

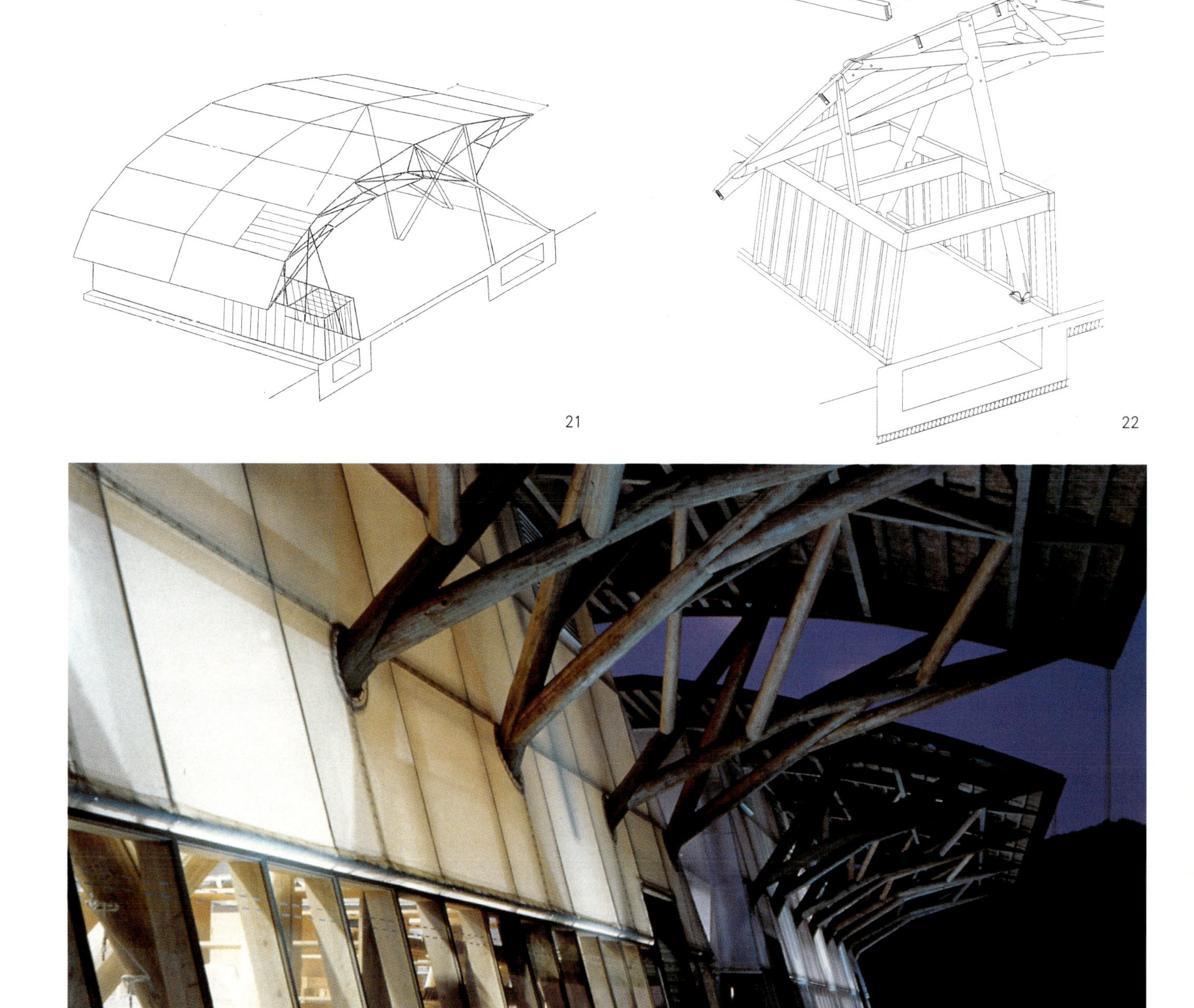

21、22.森林情报中心和森林工房树状立体桁架结构
23.按照木材构件本身的特性灵活组合，形成树状立体桁架结构

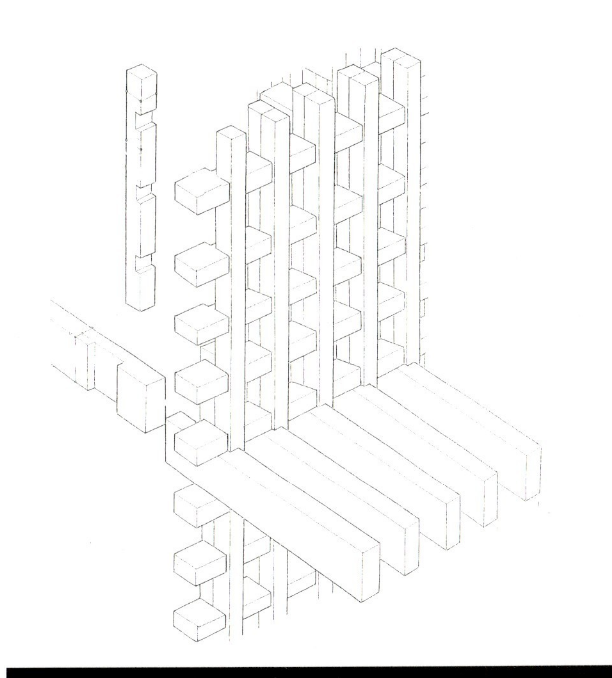

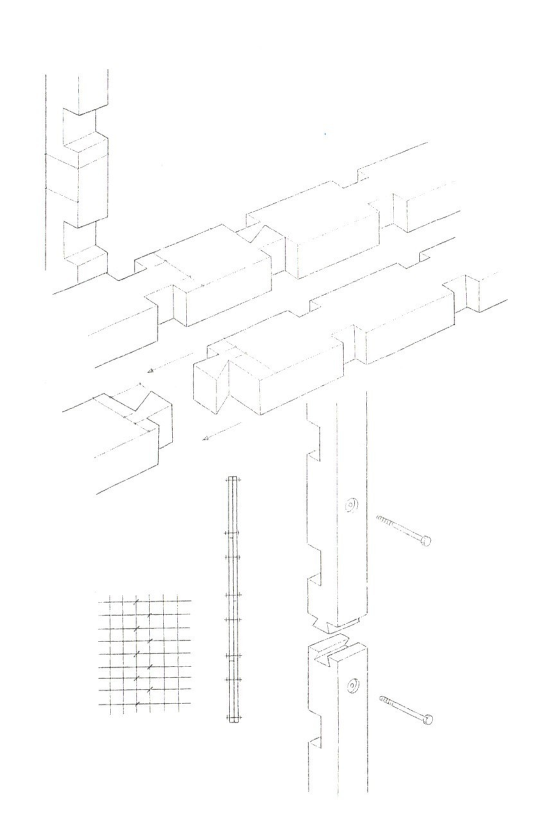

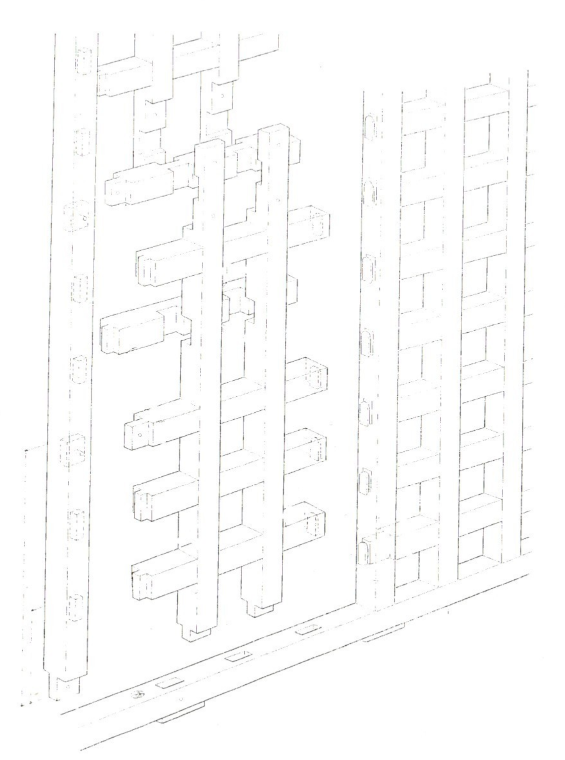

24、26、27.木结构节点详图

25.利用本地生长的长良杉木制造的圆木塑造出宛如自然生长的枝干一样的形态

八代市立高田AKABONO幼儿园

MIKAN供稿

建筑地点：日本熊本县八代市
地段面积：3609.83m²
占地面积：808.1m²
建筑面积：663.47m²
设计时间：1999年11月～2000年3页
施工时间：2000年8月～2001年3月
造价：2亿日元
工程单价：30.1万日元/m²（约2万人民币/m²）
使用木材：杉木 86.57 m³
落叶木 0.48 m³
松木 3.67 m³
构造用合成材 5.66 m³
木材总量 123.97 m³

建筑物的平面是单纯的矩形布局，其中一部分空出来作为平台，连接内部和外部的空间，而且可以增加室内空间的弹性。建筑物内部的游戏室、保育室、餐厅、办公室等房间的屋顶高度相同，实际上形成了完整的空间体系。这样的布局思想充分体现了建筑灵活布局，适应社会需求。除了可以在今后改变用途，幼儿园的房间也可以自由分割组合。幼儿园的负责人谈到这种灵活的布局空间时介绍说："在竣工典礼时，包括幼儿园的孩子、家长、来宾在内一共来了近200人，即使是最大的游戏室也无法容纳这么多人，可是当我们打开旁边的两间保育室后，形成了完整的会场，终于顺利地进行了仪式[1]。"

这座建筑的最大特点也就在于建筑空间和建筑材料的高度统一，它的结构充分体现了木材的特点，它使用了我们身边常见的木制构件——60mm的角材和12mm构造用加工板，形成了具有刚性的屋顶结构，突出了开敞的内部活动空间。屋顶构架由1.8m的格子式木造梁架组成，每组木梁长3600mm高780mm；角材采用梯子状的构件，两面贴合了构造用加工板。另外为了形成20mX50m的均匀载重的构架，木造梁架转换了45°，克服了长短两个方向受力不均的问题。

另外，在北侧木造布置了防震墙壁，在平台的南侧还布置了孔状金属制防震墙，由于在金属板上规则地开了很多孔洞，保持了内部空间的开放性，而且与顶棚格子状的屋顶格架呼应，弥补了木结构体系在承重受力方面的不足。

注释：1.参考日经建筑，200108020，p.71

1.从庭院看建筑 版权：MIKAN

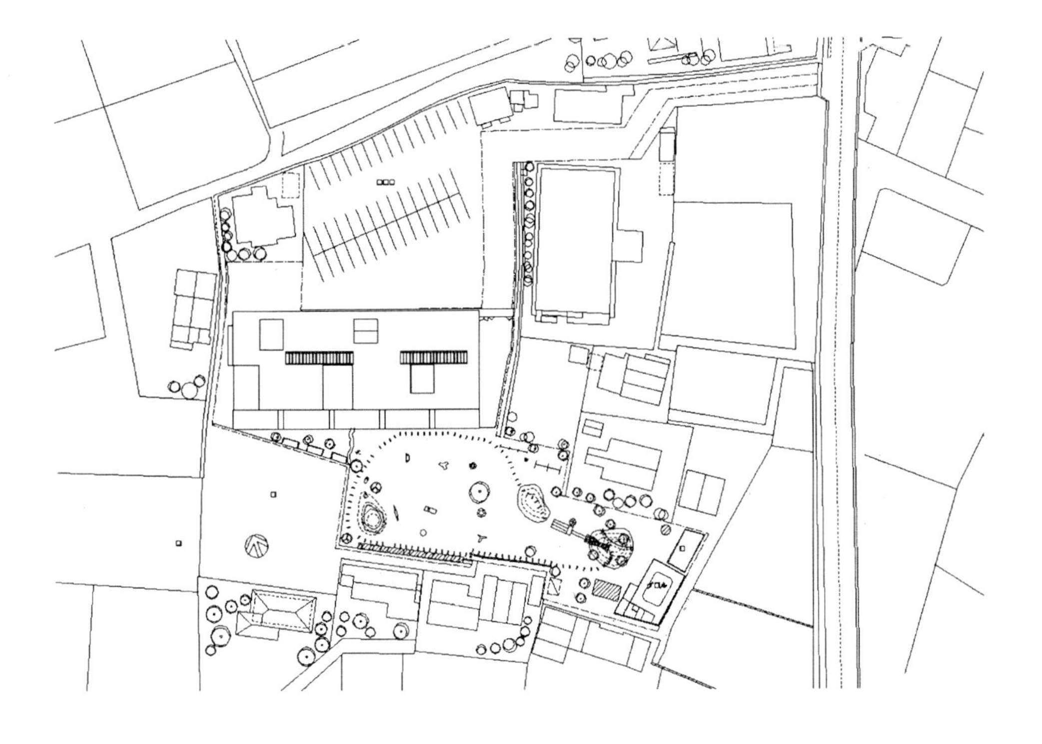

2

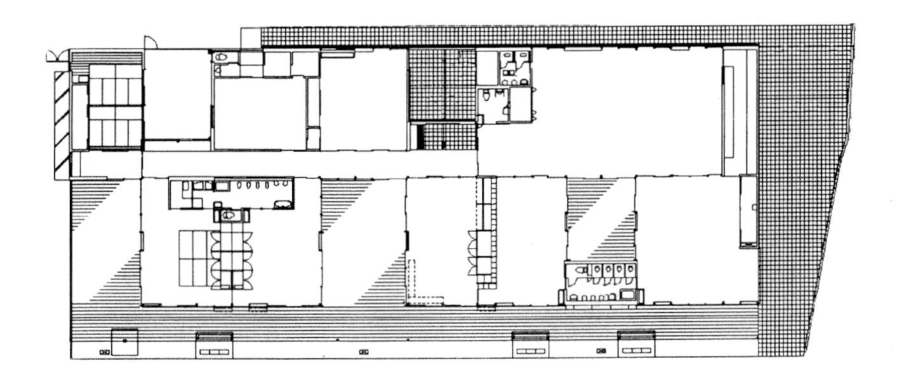

3

2.八代市立高田AKABONO幼儿园总平面图
3.八代市立高田AKABONO幼儿园一层平面图

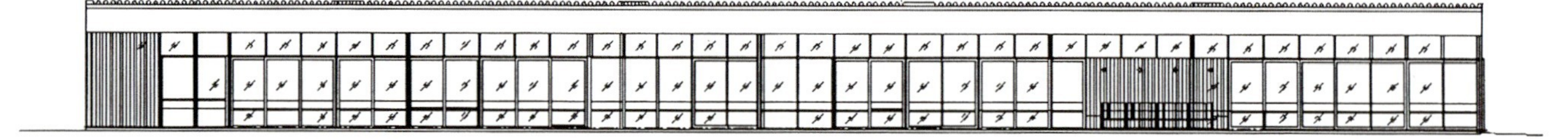

4

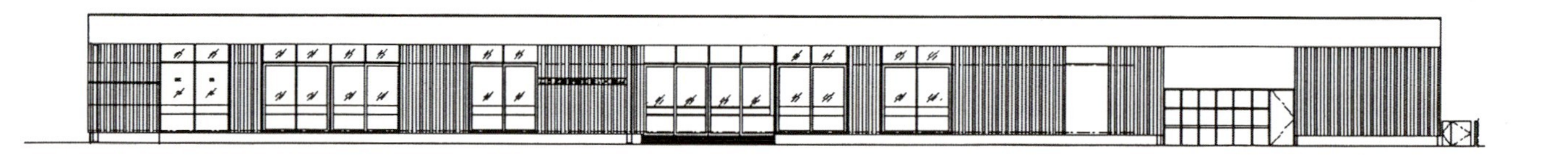

5

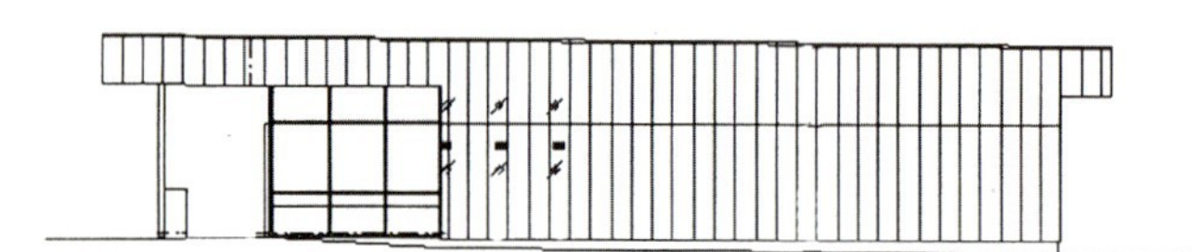

6

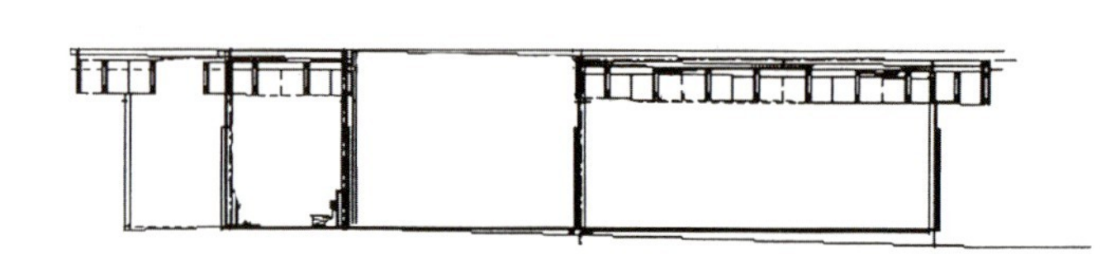

7

8

4.5.6.立面图
7.剖面图
8.保育室室内

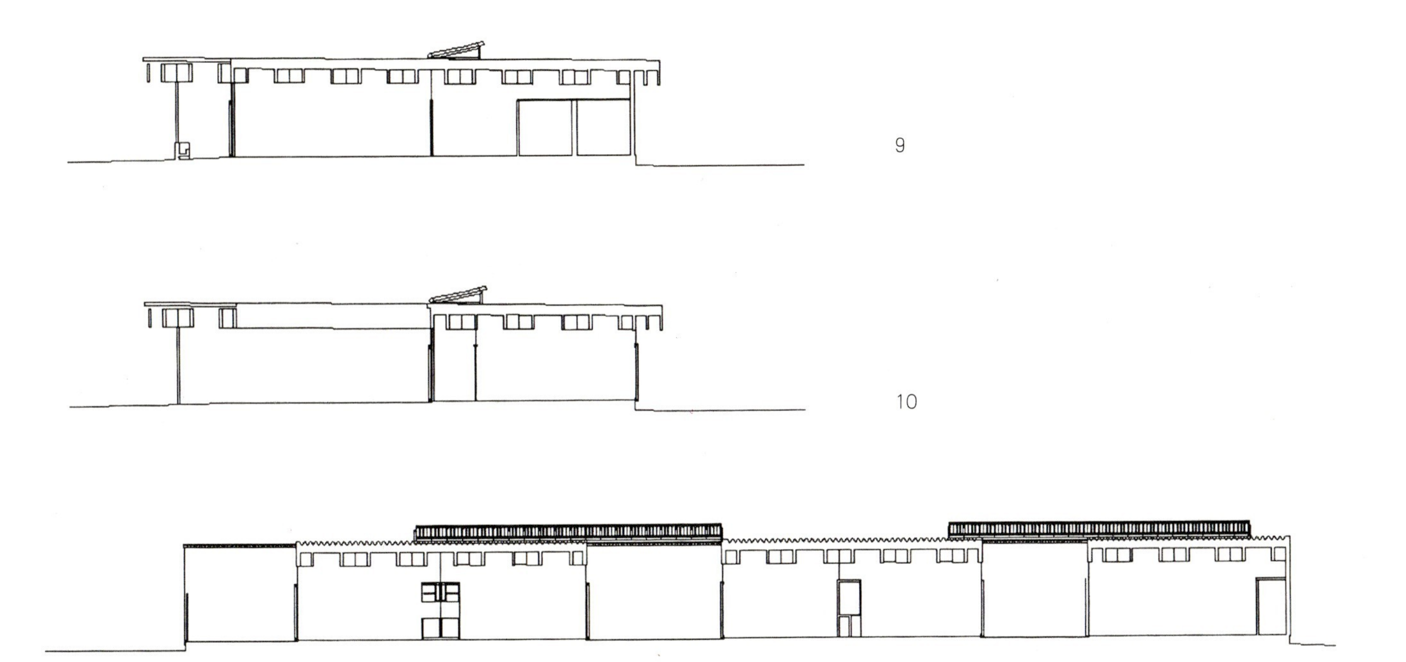

9.10.11.剖面图
12.从户外看保育室

13

13. 充满阳光的廊下空间
14. 餐厅内部景观

木象之家

宫部浩幸供稿

木象的主人是两位老人：丈夫是地质学家，妻子是画家。它不仅仅是一个二人世界，已经成家的子女们每个月还要带着他们的孩子回来几次看望老人，它还是一个可以吸引孩子们的场所。

与周边环境相融合

建筑位于东京都市区内密集的住宅区内，周围除了南面的私道和东面的小路外只有头顶上面的蓝天。建筑将私密空间向南侧和天空打开，设立了阳台和屋顶平台，将有限的居室空间向周边的环境延伸。

形成不远不近的感觉

房间内部空间的划分没有采用传统的固定隔墙，而是根据顶棚、地面的高度设置可移动的活动隔断。在保持房间完整的同时，强调与邻居间的沟通，达到住宅内部的统一和完整。便于房间的主人为来访者留出足够的活动空间，同时有可能选择与其保持不同的空间距离。

可以自由选择的路线

不论是一层，还是二层，都可以以楼梯为中心，根据房间不同的使用状态，自由地选择向左拐或是向右拐，从一个房间移到另一个房间，围绕着一周。

建筑用途：住宅
建筑设计：山田彩＋宫部浩幸
结构设计：长坂建太郎
机电设备设计：远藤和弘
施工：河合建筑株式会社

层数：2层＋阁楼
地段面积：78.28m²
1层建筑面积：39.10m²
2层建筑面积：39.10m²
施工时间：2003年4月29日

1. 住宅临街外观
2.3.4. 住宅阳台窗帘开合的不同状态

在二层既具有使用上的独立性，又保持着空间的完整性。它有三种不同的层高：3200mm、2400mm、1900mm，形成了不同的领域。在水平方向，窗框、家具、下垂吊顶的高度在1900mm的位置形成连续的横线条。它给人们一种连贯的感觉，将不同的领域结合在一起，在使用中体现出水平与垂直领域的相互融合。

5.6.7.二层室内空间

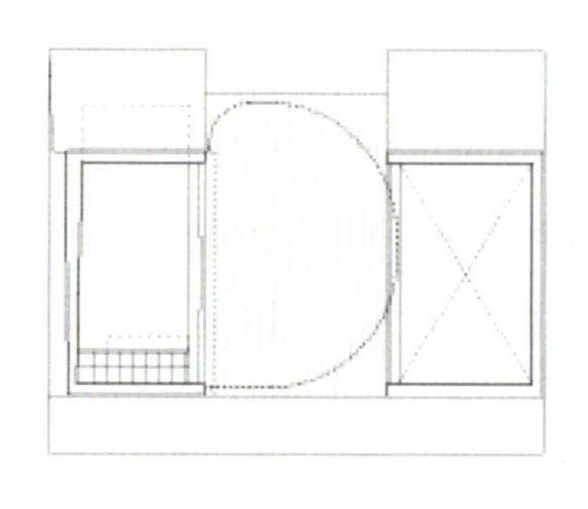

10

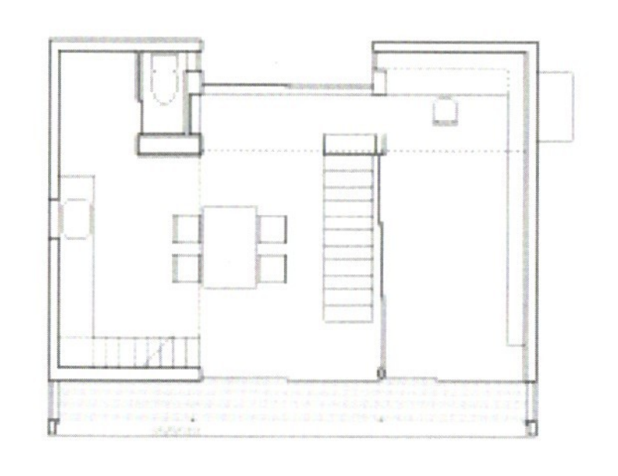

11

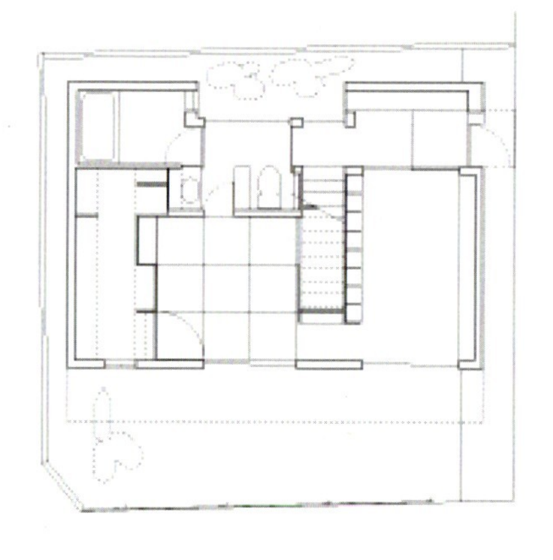

12

8.屋顶空间是活动的天堂
9.顶层室内空间
10.顶层平面图
11.二层平面图
12.一层平面图

保持传统木结构施工工艺

建筑的外观虽然复杂，实际上使用的仍旧是一般的木结构施工方法。在两个地方使用了断面很细的钢材，有利于分散和传递整体结构的受力。

在一层和二层雨罩和阳台的部分使用了直径为32mm的圆钢管，减少雨罩横梁的剖面尺寸。达到了住宅尽量向南侧道路保持开敞感的使用目的。

为了减少阁楼楼板的厚度，在横梁的上部安置了直径为16mm 的圆钢管吊住楼板。在阁楼楼板的起居室顶棚之间形成了采光空隙，增加了空间本身的进身感和立体感。

13.从二层室内望室外
14.施工现场
15.二层阳台与室内空间

历史庆典的舞台——天津万科水晶城项目规划设计理念

楚先锋

建筑师的工作就是创造物质的社区，从而使心灵的社区在那里重新生长

——赛弗迪

历史的文脉是城市的灵魂，而当一幢幢现代建筑拔地而起的时候，人们关于城市、关于历史的记忆就随着推土机隆隆的轰鸣声被掩埋于地下了。但是，回忆与寻求归属感是人们情感中无法割舍的情结，所以当天津万科水晶城以传承历史文脉的开发思想亮相时，引起了人们的广泛关注。

规划上对历史和城市文脉的尊重、突出塑造成熟的街区感和人文氛围，建筑上在空间感和视觉愉悦方面的突破等都使得水晶城不仅仅是一个房地产项目，更是天津城市建设中的成功典范。

一、延续城市历史文脉的开发理念

天津是一座历史气息浓厚的老城市。五大道的建筑已经成为人们心中天津建筑的代表。它不仅创造了优质的生活环境，而且建筑设计品质也很高。万科在经营水晶城项目时就是希望抓住客户对五大道建筑的高度认同感，深化设计思路，同时体现出对于城市历史文脉的充分尊重。

对于"延续城市历史文脉"的理念，水晶城在具体操作上并不是依靠涂脂抹粉式的欧陆符号的堆积。在规划中回避关于五大道的具体描述和简单模仿，而体现的是它的一种精神，希望从天津大的人文环境引伸出新的思路，然后落实到这块土地上。天津在城市文脉上有很强烈的街道街区感，由不同国家不同风格组合积累生成，水晶城的特色便是追求富于历史感的多层次的住宅街区，充分利用老厂区的遗留资源，寓旧于新，使整个楼盘成为"历史的庆典"。

具体到项目基地特点上，水晶城领受时间的馈赠，根据所在地具有的强烈时代特征，通过保留、改造旧的建筑物和构筑物来使其呈现出清晰的历史文脉。水晶城位于解放南路原天津玻璃厂厂址上，有着丰富的植被资源，几百棵大树，古老的厂房，巨大的吊装车间以及原有的调运铁轨、烟囱等遗留物。以开发商一贯的开发思路，这些都是开发商施展"手脚"的障碍，都将被无情地铲去。而万科对于该地块的开发则是立足于延续历史的角度，原有的老厂房、铁塔、钢架、铁轨等都被视作宝贵的资源。它们是天津前期工业化的标志性产物，是整个城市历史文脉的延续。这些在水晶城的规划中都被巧妙地保留和利用起来，保持原有建筑的风貌，并使其巧妙地融入新的建筑中。比如600棵大树形成的厂区林荫路和花园，在新的规划中被保留下来，吊装车间被赋予现代材料和形式，激活成为晶莹剔透的社区会所，老的铁路和水塔则渗透在景观的规划中，成为标志性的要素。通过对比、保留、叠加的手法，历史通过建筑穿越时空，呈现在现代人的面前。建筑成为了真正城市历史的延续。

这个地段要保留历史，更要激活历史，而不是一个简单的博物馆。能把老的、历史的东西延续下来，在空间上强化这个因素并与人们产生交流和参与感。

1.老厂区——足球和男孩
2.老厂区鸟瞰图

二、“街区化住宅”社区的总体规划模式

水晶城所采用的街区式住宅模式是发达国家城市化的产物，尤其在商业发达的城市中最具活力。具有城市土地利用率高，与街道的结合性强，交通便利，城市景观丰富，与商业和各种城市活动结合紧密等优点。社区有完整的功能性建筑，提供多样化的居住场所。同时社区内的交通干道与社区外的交通网络有机地联系起来，让内与外共同呼吸着城市的“气脉”，使无论生活在社区内的人们还是穿行于社区的路人都不会感受到社区只是一个自生自灭的独立体，而是与城市肌理融汇、与地域文化相传承的有机生命体。

1、利用区位及多级配套的优势

先天的区位和环境优势为水晶城轻松营造优雅从容的生活氛围提供了条件。水晶城所在梅江南居住区位于天津市区南端，规划总用地240hm²。从城市发展来看，水晶城所在的梅江南生态居住区处于大学城教育圈、经济开发区工业圈、会展中心交流圈、行政文化圈、奥林匹克中心体育圈辐射交叉的核心地带，是未来5到10年内天津城市发展最快，市政配套设施最齐全，商业、服务业持续繁荣，个人投资最活跃的区域。

在水晶城社区内，会所、商业街、幼儿园、社区广场都在五分钟舒适步行可达的范围内，而步行空间的体贴设计也能让每个人尽情享受徒步的乐趣。会所位于水晶城的中心位置，是一所较大规模的综合运动型娱乐休闲中心。规划有一所小学和一所综合幼儿园。

万科水晶城既有自身在规划、环境和住宅产品上的领先性，同时又能共享梅江南生态居住区乃至西南部区域在市政配套、公用设施上的巨大优势，必将为水晶城居民的生活所需提供完美的解决方案。

2、联动城市的交通网络和街道规划

传统的小区规划属于封闭型的，内部和外部是完全对立的；社区内的交通网络只是为了小区内人流、车流的分布而设立的，没有考虑与城市主干道的对接，无法感受到社区与城市主路网的联动，城市的外部景观被社区内围栏阻隔在社区之外。小区的配套只是按照居住指标划定，只为小区内住户服务，是一种典型的计划经济时代的产物，已经完全不能适应现代社会的需要。万科水晶城规划的“街区化住宅”社区模式，实际上是开放型小区，小区内有城市交通的干道和次干道以及居住的道路，建筑与道路具有很高的城市亲和力，人在社区中没有封闭、隔绝的感受，人在社区外也自然地体味着社区带来的延续的城市景象，社区在一定程度上已经成为城市文化传承载体。

万科水晶城利用原有厂区的路网系统，改变了旧有社区道路的规划手法，适宜的尺度感，合理的空间感让步行于此的人们更多地感受到了城市街区所带来的亲和感与视觉上的层次丰富环境。适合行走的街道，便于住户购物的商街，邻里的交往、人们的沟通，创造出充满活力的社区生活氛围。

3、水晶城景园的主要设计特色

首先是原老厂区卫生院的一大片枝叶繁茂的树木被完整地保留下来，原有建筑物拆除后的残墙意象和地面肌理也被融入景园设计中，一条晶莹的“玻璃小溪”蜿蜒于草坪和林木之间，这一切共同组成了一个别具一格的“寓旧于新”的社区公园；由于老厂区的几条主要道路形成了新规划中的交通骨架，有效地保留了路两旁的行道树，使社区内的街道有了类似“五大道”林荫路的气氛；从社区入口一直延伸至中心运动会所的林荫步行道上，一条被完整保留下来的带有旧枕木的铁轨穿插其中，把你带入往昔的岁月；在Townhouse区中的一个街角，出现了一个高大的老式水塔，上面被装饰以有趣的图案，对于大面积相貌相差不多的住宅来说具有不容置疑的可识别性；还有一些旧的卷扬机、室外消火栓、钢架等重新刷漆后被置于郁郁葱葱的景园之

3.老厂区的厂房
4.老厂区内的铁轨

中，会产生犹如现代雕塑般效果；而很多保留下来的耐火砖也被用作小区内的铺装。

三、“气质街区”的塑造

1.尺度宜人的街道空间

对于万科水晶城来讲，街道的规划遵守着欧洲小城的规划原理，最为直观的就是类似五大道街区的街道尺度。街道是以人们步行的尺度为基础进行考虑的。街道的宽度可以使汽车顺利通过，但其宽度又限制了车速，不会让汽车风驰电掣般地前进。这样的尺度，让身在其中的行人有安全感，不必担心过往的车辆会给自己带来危险，也不用为了日常生活的需要而长途跋涉，所有的生活需要在步行的范围内就可以解决。街道宜人还体现在适于人的停留。街道不仅是行人车辆通过道路，更是可以让人们在此驻足、休憩和交流的空间。同时万科水晶城所保留的600多棵郁郁葱葱的多年成树，也使社区内主要车行干道具有良好的环境。

2.广场空间的设计

欧洲的城市中都有年代久远的广场，这些广场的尺度非常适合人停留，以致许多外来游客也非常愿意在此停留歇息，使得年代久远的广场并不是死气沉沉的，而是不断被外界新生的事物刺激着，生机勃

5.天津万科水晶城总平面图

勃地生长着。

万科水晶城倡导人在社区的"互动"生活状态，积极参与各项活动，广场起到了平衡社区规划与汇聚人气的双重作用，就像一个城市的客厅一样容纳了人们各种休闲、交流的活动。

3.标识建筑物增加可识别性和居住者的归属感

在万科水晶城，你会很容易地找到具有标识性的建筑。例如小区东入口处的钟塔，默默地记载着光阴的故事。当人们回家时，一进入社区就可以看到那巍峨的钟塔，就知道已经安然到家了，成为他们心理归属的标志。此外，对原厂区保留下来的建筑进行改造后的会所，以其宏大的尺度，多种多样的功能也将成为社区内醒目的标识。

四、庭院深深的邻里空间

万科水晶城有一种逐级递进的空间感：公共空间、半公共空间、半私密空间、私密空间。院落精神其实代表一种交流、安全感、彼此的欣赏和信任。水晶城院落规划是一个别具一格的特色。

1.外在——开放的庭院公园

整个社区内有很多开放空间，其中也包括为社区服务的小公园空间，这些空间相互连接，形成了线状的公园体系，线状步行道将整个社区的各个地方连接了起来，包括各种休闲、休息和玩耍的区域。景观设计的主导思想使这些公园有类似的结构组成。墙体、篱笆形成边界和入口；主步行道贯穿公园（通向小区中心）；次步行道是放松的步行线路。住宅庭院尽端种植树木，人们可以在树荫下休憩安坐；环形节点设在相邻住宅庭院结合点的入口处；树丛间和相邻建筑端头间可设自行车库、儿童游戏、休息座和水景等。

住宅花园庭院：总平面上有很多线状空间，沿东西向延伸。在这里可以为建筑安排花园和公园，景园设计的目的在于将这长长的空间隔成较小的庭院或花园空间，它们各有特点但又相互关联形成系列，在整个开发中赋予了变化和特点。空间的分割是通过建筑间种植高大的树木，它们可以与篱笆、墙体和大门一同围合一个庭院空间。一条拱道或者入口通向各庭院。

住宅水景庭院：水晶城的河畔区是一个非常重要的财富，它使人们可以近距离感觉到小河的魅力，并可以欣赏到河边10m宽绿带的风景。那些优美的风景被设计师引入内庭院，使建筑、水景及绿化互为衬托，形成一个整体。水边住宅庭院的设计处理，把水作为一个主要的因素，带来很特别的品质。带有私家庭院的建筑间可以布置池塘，私家庭院延伸扩展就形成了池塘的轮廓。水体将成为庭院的主要成分，池塘内设计有小岛并种植有植物，形成私密空间。按照现有的考虑，池塘水体为天然水质，种植有水生植物，同时适于鱼类和其他水生生物生活。

2.内敛——邻里空间

万科水晶城独有的组团规划创造出可以让人们开放交流的邻里空间，给居住在其中的人更多的关怀和便利，切实地为居住者着想。保持小尺度的街区和街道上的商家，这样的传统街坊有一种自我防卫的机制，邻居之间可以通过相互的经常照面来区分熟人和陌生人从而获得安全感，而潜在的"要做坏事的人"则会感到来自邻居的目光监督。在万科水晶城的院落里，邻里以彼此最为熟悉的方式生活、交往。

五、创新——多层次的住宅产品及其组团空间

水晶城户型多样，涵盖60多种房型，从公寓房的朴素大方，到景观多变的情景花园户型，再到300m^{2}的联院别墅，品种跨度极大，形成非凡的市场覆盖力，同时折射出万科公司娴熟的产品研发能力。建筑的底层部分特别注意通过小院、围墙及楼梯等元素的组合形成景园

6.天津万科水晶城在梅江南居住区的区位图

7、8.天津万科水晶城景观设计

9

9.天津万科水晶城塔楼设计

10. 天津万科水晶城双拼联排别墅
11. 天津万科水晶城利用原厂区铁轨改建的小区景观

12.天津万科水晶城老厂房改建的小区会所
13.天津万科水晶城老厂房改建的小区会所室内空间

与建筑之间的有层次的过渡，而不是那种平铺直叙一贯到底的做法。

专利产品"情景花园洋房"打了一个巧妙的"空间差"。它其实是一种中间性的产品，介于4层半和TOWNHOUSE之间，像一个综合了双方优势的混血儿。外观立面富于变化，错落有致。部分"情景花园"增加了转角单元的设计，减弱了"行列式"的单调感。"情景空间"提倡邻里概念，以两幢住宅为一个邻里单位。两幢住宅入口相对形成邻里空间，通过建筑的层层退台，强调了室内外空间流通的同时也从空间设计上增加了人与人之间交流、沟通的机会。在空间尺度的把握上，根据行为学的原则，考虑人体尺度，使人感到围合所产生的安全感、舒适感。在地面标高和景观配置上都有别于外部楼道空间。车行系统在邻里空间外解决，减少车行干扰。在整体组团空间处理上，通过少量建筑的错动打破单一的行列式布局，形成空间的转折，避免视线的不良穿越。

"联院别墅"的产品则力图打破以往Townhouse成行成排的做法，改为几户一组，形式上高低错落、变化丰富。在产品的分布上也力争做到成组成团，临河布置，每组团都有公共空间与河岸相连。组团内

15.天津万科水晶城双拼联排别墅邻里空间表现图

都配置自己的花园和儿童活动场地。每组团均有临水的界面。组团空间采取不同Townhouse单体的组合创造出对外相对独立对内富有变化的空间。

公寓建筑采用围合布置，强调了从小区的公共空间、组团的半公共围合空间到各户的私有空间这一完整的空间序列的过渡，使组团空间具有明显的领域感和归宿感，更加强调邻里概念。

上述建筑单体与组团空间的设计，多种手法的运用与"五大道"的很多设计理念和风格是一脉相承的，同时又在此基础上加以改善和提高，使之更符合现代住居的要求。

万科水晶城是天津万科2003年推出的力作，以其独特的规划、创新的专利产品、优越的区位，一登场就引起了市场和业界的极大关注。万科水晶城已经成为天津房地产市场上一颗最为耀眼的明星。

作者单位：天津万科住宅发展有限公司

16.天津万科水晶城公寓楼邻里空间表现图

天津万科水晶城“情景花园洋房”的创新体验

胡志欣

这是一个张扬个性的年代，无须压抑天赋，只管尽情流露。于是，每个人都有了自己的话语权。

在天津万科水晶城，最为醒目的一个特征是——开发商对于户型研发的空前关注。项目使用的住宅单体主要有三种形式："联院别墅"、"院景公寓"和万科的专利产品"情景花园洋房"。其中的专利产品"情景花园洋房"户型是在深圳、成都等外地市场已经有所印证的成功品种，再结合本埠特点加以适度改造而形成的。它的出现弥补了以往标准住宅缺乏个性和交往空间的缺陷，同时也有自己独到的创新之处，就像冉冉升起的新星，引人注目。

一、创作“情景花园洋房”的初衷，市场及业界对于“情景花园洋房”的反映和评价

"情景花园洋房"希望通过建筑设计来改变人们的生活习惯和生活品质。以往标准公寓强调的是户户相同，每个房间都一样，每幢住宅都一样，这种更像是计划经济时代的产物。现在对住宅的需求实际上已经进入个性化时代，客户往往按照自己的习惯和偏好，选择个性化的产品。"情景花园洋房"在设计上融合了别墅的特点，实现了空间个性化的突破。

从美国小镇式的"万科花园新城"开始，天津万科以TOWNHOUSE带动消费潮流，其他发展商真正开始模仿是在这一两年，大部分产品还是停留在经典式的公寓建筑上，这是天津市场比较滞后的一面；大量产品的同质化现象十分严重，这使得寻找一种有变化的产品成为天津万科的当务之急。"情景花园洋房"的出现非常及时，在TOWNHOUSE和公寓之间找到一个空白点，形成独特的生活空间，对布局和街道的影响也很明显。

万科进入天津城市南部，希望拿出来的产品是领先的，"情景花园洋房"也适用于水晶城的市场定位。在万科集团提供的标准范本之上，结合本地市场需求，在细部上、立面上做进一步改良。比如做了一个转角户型，给客户更丰富的街道概念，有变化和过渡。"情景花园洋房"的特色是7～8m的横厅，户户有露台。每层又各有特点，首层有小院，独立入户；二层通过露台入户；三楼的面积适中，跃层有共享空间。在立面上，"情景花园洋房"打破了公寓呆板的形式和封闭的关系，变化丰富。客户完全可以根据条件选择比传统公寓更好的生活方式。

万科水晶城家世界购物中心外展场自2003年3月8日开放以来，受到了众多购房者的关注。在前来咨询的众多购房者中，还有不少人是冲着万科专利产品——"情景花园洋房"来的，很多人想了解注册专利的房子到底是什么样的，究竟有什么过人之处，又能给购房者带来何种功能上的变化和新鲜体验。权威人士评价，万科的"情景花园洋房"产品特点十分鲜明，独有的台阶式建筑造型，使立面非常丰富；巧妙的退台式设计、户户拥有花园或露台以及采光充分，实现全面无暗室设计等都很新颖。

二、情景花园洋房创新性的六大特点

1.巧妙的入户方式

"情景花园洋房"设计层数为4.5层。入口首层通过独立小院，形成私密性很强的入户形式，2层以上的楼层通过外接楼梯进入家中，区别在于2层入户是在露台，而3、4层则是在楼梯间。这种创新性的"入户方式"改变了原有的"多层住宅"封闭、单一、过堂式的"回家路线"，使家的归属感更强。

2.多景式的情景房

情景房设置于首层，其功能类似于美国独立住宅中常用的DEN，可用作书房、茶室、客房等功能，位于客厅的外部，入口

1.天津五大道老建筑

2.天津万科水晶城情景花园洋房

停车位
停车位
停车位
停车位
A户型
贮藏室
回填素土夯实
B户型
贮藏室

3

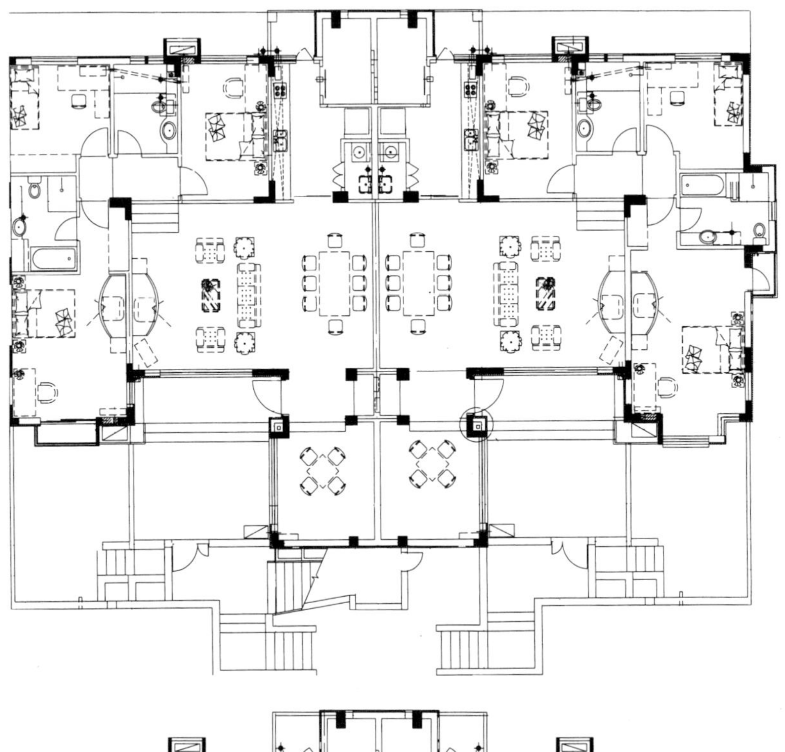

4

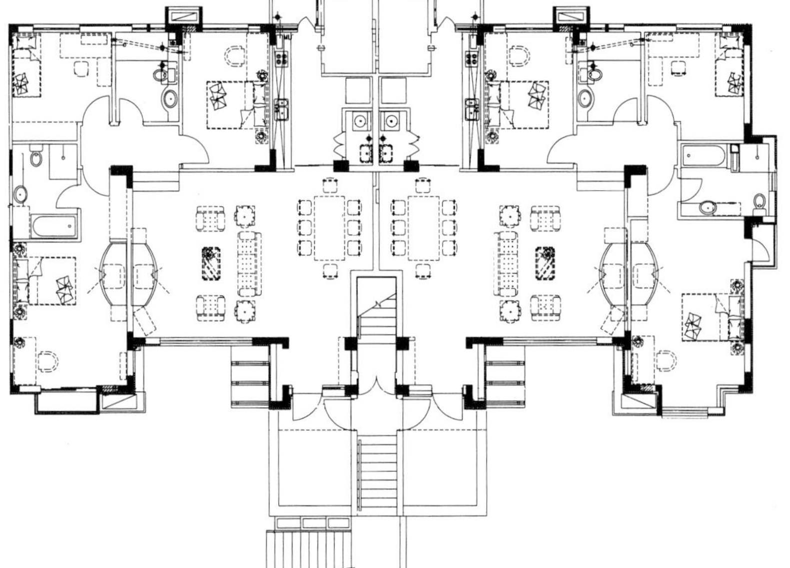

5

3. 地下室平面
4. 一层平面
5. 二层平面

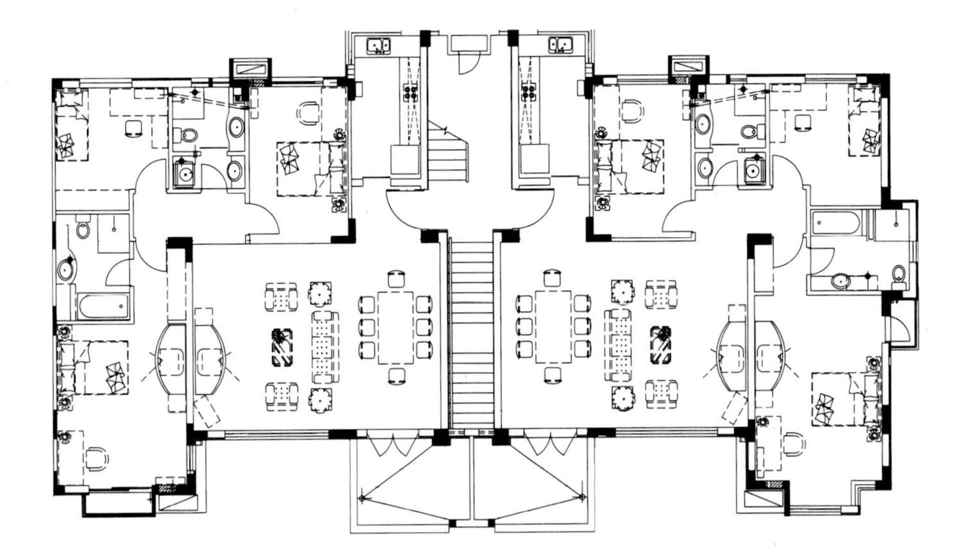

6

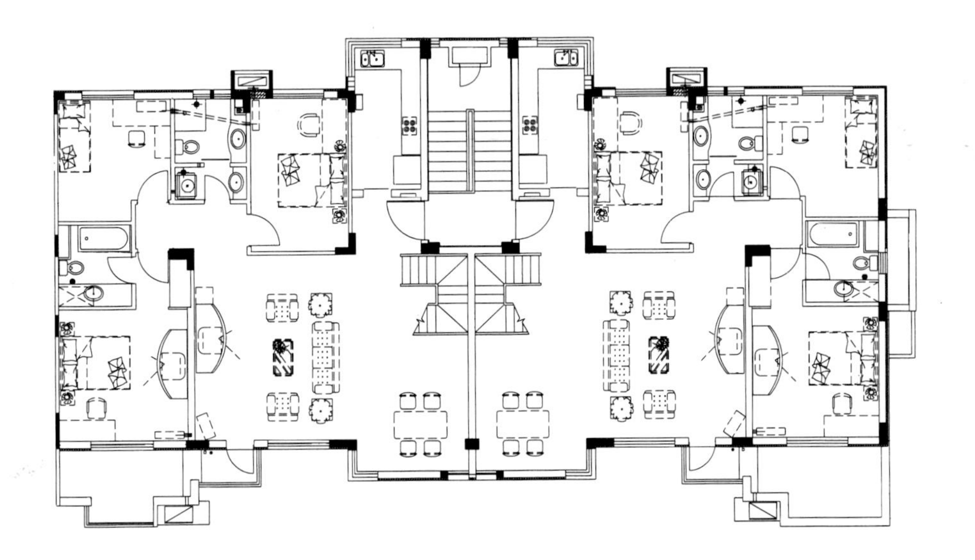

7

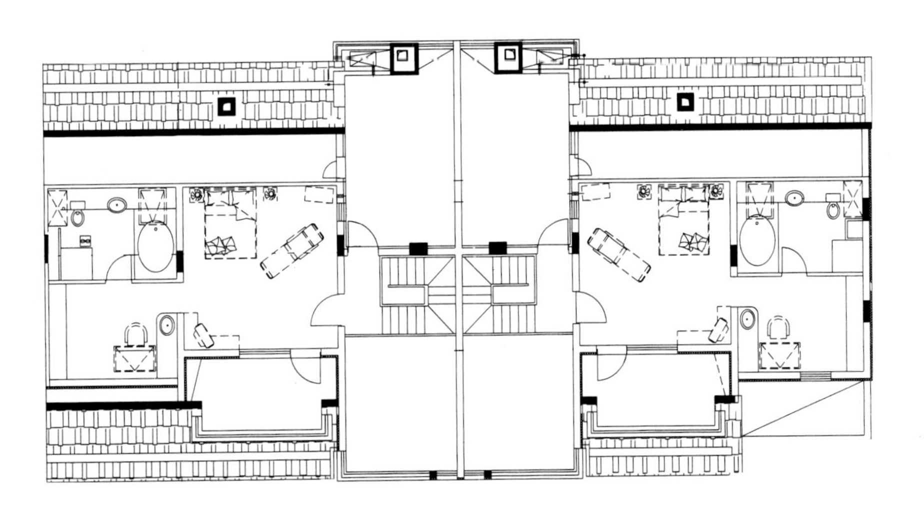

8

6.三层平面
7.四层平面
8.五层平面

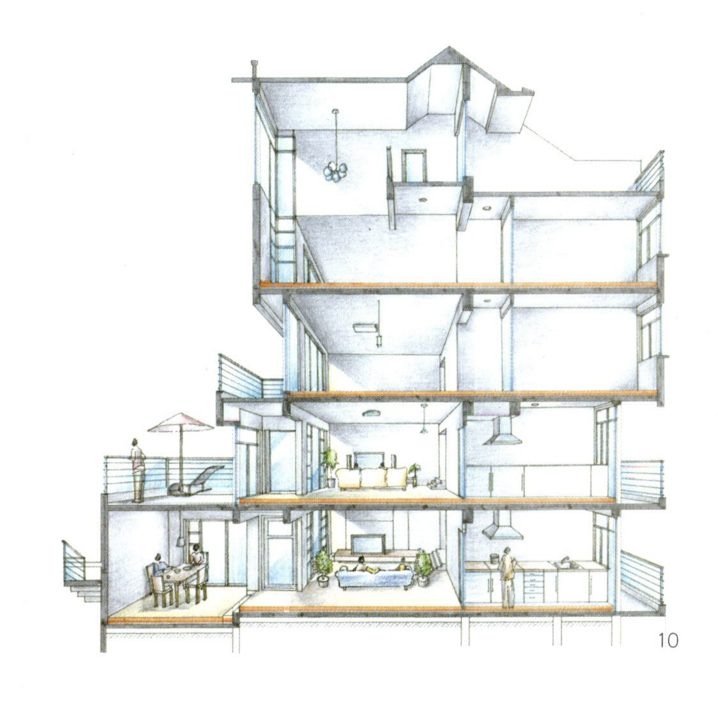
10

的旁边。为了更好地增加室内的"情趣性"，也可以和客厅及入户门厅一起形成半围合的首层私家花园。

3.丰厚的建筑形象

丰厚的建筑形体：由于建筑首层前中部凸出的"情景房"，使得建筑整体感更显稳重与醇厚。明快的体块结构和线条构成了"丰富鲜明"的效果。超大的景观窗设计秉承了高档公寓的设计风格。

4.独特的露台空间

独特的露台空间：利用首层"情景房"的形体，设计出每户向阳面具有层层退台的台阶状结构，让每户拥有南向的私家花园或露台，独特的私有室外空间是日常起居生活向室外的自然延展，露台没有顶盖，区别于阳台，更有花园感，和客厅相连并有较大的进深便于安排活动，半围合的设计使其拥有较强的私家感。且露台和花园均由厅进出，方便使用。花园和露台能够使居住者充分与自然沟通，实现每户都具有一片自有的室外空间、绿地。并且公共空间开敞化，让邻里之间交往更为容易。由于层层退台，使楼间距加大，更便于全年享受阳光。

5.气派的横向客厅

独创式的7m横厅设计所带来的是对南向阳光的获得更为有利，通风更好，使客厅气派不凡，房间开阔舒适。

6.豪华的顶层套房

顶层为豪华复式户型，它不仅秉承了原有的"跃式"户型的设计特点——共享空间、分层起居。并且上层单位更在主人房中加设了超大豪华化妆间，方便主人更换衣物。南北两个"露台"的设置，更增强了室内向室外的空间延伸。

三、"情景花园洋房"与以往标准公寓的最大不同

1.解决了标准公寓没有个性的问题

在上个世纪末，曾经有一个中国住宅论坛，讨论"中国的住宅往哪里去，住宅方式往哪里去？"除了建筑师以外，主要参加的是社会学家。那时在北京出现了一梯八户、一梯十户、甚至一梯十六户的标准公寓，那些房子像是一个个小鸽子笼，只有一个面朝南。在这个情况下，我们的房子该怎么做？当时提出了一个很有建设性意义的口

9.水晶城情景花园洋房立面图
10.水晶城情景花园洋房剖面图

号：改变住宅应该从改变生活习惯开始。我们现在的住宅，除了经济的原因和社会能力以外，有一点很关键，是生活方式。而这个生活方式，是由于住房分配制度所造成的硬性的生活方式，使大家习惯居住单元房，即所谓的标准公寓。标准公寓强调的是户户相同，就像酒店一样，每个房间都一样，每层楼都一样。这种情况造成了住宅发展的一个问题。

传统的居住方式、传统的习惯造成了平均化，均面积、均户型。现在这个基础条件已经改变了，人们可以按需来选择了。现在对住宅的需求实际上是"个性化"的产品，按照自己的习惯、自己的爱好、在自己能买得起的房子里选择自我的个性。这是"情景花园洋房"对住宅和住宅方式的一个贡献。

2.弥补了标准公寓缺乏交往空间的问题

中国住宅论坛研讨会的第二个论题，就是住宅所形成的社区关系。不管专家也好，社会学家也好，总是谈到北方的四合院好，南方的三合院好，甚至客家的圆楼最好。原因有一个，人与人之间的关系比较轻松，互相之间可以有选择地见面，有选择地出现在公共场所，有选择地在公共的院子里面、平台上面打交道。这就是中国的住宅应该改变之处，应该为居住在住宅里面的人提供交往空间，应该使居住气氛更融洽、更轻松一些。这也是我们传统公寓的毛病，传统公寓大家一关门全在屋里了，没有人与人打交道的空间，公寓设计上着重的是防盗。

"情景花园洋房"的出现解决了以上问题。作为客户，能够根据自己的生活需求，根据能买的面积，来选择自己的个性。所以情景的核心是一栋楼，但是每层都不一样，这是它的个性，第一个做法是把每层都做得不一样了，第二个做法是将资源优势分配给有效需求。客户可以根据条件选择比传统的公寓更好的生活方式，如跃层和带小院的房子；也可以选择面积适中有露台的二、三层。

在人与人之间的关系方面，"情景花园洋房"打破了公寓呆板封闭的关系。"情景"最大的特点就是每家都有露台，多了一个在室外能呆得住人的空间。阳台是扁长的，是坐不下人，夏天是不能在那里呆着的。露台是方正的，是生活空间。每户凸出的露台和院子，都成了另外的生活空间。

四、"情景花园洋房"申请专利成功，业界对此反映强烈

万科的"情景花园洋房"获得住宅专利的消息，引起社会的广泛关注，更引起了关于住宅等建筑设计的内容能不能被某个开发商独家使用的问题。

万科认为地产行业的抄袭现象一向十分严重，危害也很大。首先从市场上反映出来的表象看，它干扰正常的市场竞争秩序，一种产品在没有一定的保险度之前是不会推向市场的，如果这时被别人低成本复制，将从根本上打击公司的创新积极性，破坏竞争环境。从另一个方面来讲，万科的住宅产品被别人复制，损害的是万科业主的利益，因为万科为业主提供的不仅仅是硬件上的东西，还提供一种社区氛围，甚至改变业主的生活品质，如果被别人抄袭，业主的损失不是由销售面积、社区配套反映出来的，而是万科和业主共同营造的生活氛围遭到了破坏。

开发界同行对此持相反意见，认为这是追求单方面利益，不能理解。产品专利的设立是为了规范市场，保护专利权拥有人的利益。住宅产品专利权因其特点不同而引起争论的焦点自然集中在是保护谁的利益上。开发界人士，很多人表示对万科的这种做法不能理解。

住宅作为一种空间的形式，它与其他产品不同，住宅的社会功能占主导，其社会属性是不应该被制约的，国外有很多建筑形式是雷同的，但从来没有听说作为专利而保护起来的事情；另外，像手机等这样的消费品，商家为了保护自己的利益、加大市场占有率而申请专利是有道理的，它的大规模生产能力能满足社会的需求，而作为房子则不能，现在国内没有一家开发商有这种大规模供应社会需求的生产能力。所以，万科这种做法的出发点也是为了保护自己的利益，是狭隘的。

建筑师觉得企业没有理由干涉建筑设计的应用。房地产作为一个资源组合的公司，很多产品创意性的东西是来自设计单位。像房子这种跟大众生活关系密切、功能性强的东西，是不应该有所限制的，而且万科的很多产品并不是万科首创。关于侵权问题，住宅产品的外观、平面设计等是可以保护的，只要不是完全拷贝，万科方面是没有理由干涉的。

专利界人士对此反应是：创新需要保护。国家专利局批准专利的条件从新颖性、创造性、实用性三个方面考虑，万科所申请的专利具备了这三个方面，作为一种知识产权是应该被保护的，而且层层退台也有很多的形式，别的企业也可以创新，申请专利。

大家的争议点大部分集中在社会责任以及维护老百姓的利益上，老百姓也显然是从自己能否得到实惠方面来考虑。如果有专利住宅出现，对购房者来说当然是好事，宁愿多花一点钱去买专利产品，这样可以少一些质量上的担忧，所以大家也非常欢迎有更多的适合普通老百姓的住宅专利产品出现。

作者单位：天津万科住宅发展有限公司

11、12. 情景花园洋房室内设计
13、14. 情景花园洋房室内设计

执著的追求与实践
——关于天津万科水晶城报道

《住区》采访

2003年5月18日，天津万科水晶城项目经过长达近一年的精心策划和充分准备，终于隆重开盘。不但赢得了良好的销售业绩，同时也在天津乃至全国房地产界引起了一定的反响。为此《住区》对天津万科住宅发展有限公司的副总建筑师朱建平先生做了一次专访。朱建平先生作为天津万科水晶城的全面负责人对这个项目是最了解的，也最有发言权。

《住区》：示范区现场看到的那些大树都是原有的吗？

朱建平：所有现场的那些郁郁葱葱的成年大树都是通过精心的规划和严格的保护措施保留下来的，每棵树木都经过测绘定位和编号，甚至个别建筑为此而在设计上做了较大的修改和调整，增加了外部和内部院落。虽然损失了部分建筑面积和增加了施工难度，但这些不可再生的资源的保留，不论从效果上还是从效益上看都是非常值得的。

《住区》：与万科其他项目比较，水晶城在风格上有什么不一样吗？

朱建平：以往万科在天津和其他城市开发的类似的项目大多在风格上都比较甜美、活泼和轻快，调子一般也比较具有阳光感，这种特点主要是来自于南方的住宅产品风格或受其影响所形成的。而水晶城则为与天津本地特有的城市历史文脉（如著名的五大道地区的多种欧风建筑）和天津玻璃厂老厂区的遗迹（如老厂房、铁轨、水塔、门柱、耐火砖等）相呼应而有意识地做得比较"低调"和"怀旧"，没有着力于色彩上的渲染，注重的是不同材料之间在肌理和质感上的对比所形成的趣味，风格上追求更符合北方建筑所具有的那种"厚重感"。天津五大道的建筑之所以历经几十年的沧桑仍为人们所喜爱并非是以斑斓的色彩取胜的，所以水晶城在建筑上一方面注意对立面的线条和凹凸变化的处理，而另一方面其所用的水泥瓦、烧结砖、麻点涂料、自然纹理涂料、平涂涂料以及金属和玻璃构件等材料强调的是质感上的差异与协调，从而获得了一定程度上的"历史感"。水晶城在设计方面也比较注意由建筑——院落——围墙——街道所组成的关系的处理，特别是将底层院墙这一元素作为建筑的一个不可分割的组成部分来处理，形成一个多层次的整体，这与天津五大道地区的建筑关系有某种

1.天津万科水晶城销售中心雪景图
2.天津万科水晶城景观雪景图

3.天津万科水晶城情景花园洋房雪景图
4、5.天津万科水晶城联排别墅雪景图

6

相似之处，而与万科以往的其他项目在风格上则显得稍有不同。

《住区》：那些老厂区的"遗迹"在规划和环境设计上是如何处理的呢？

朱建平：实际上水晶城总体规划的道路骨架是在比较完整地保留了原玻璃厂内的主要道路的基础上形成的，这样做可以最大限度地保留道路两侧的大树，同时也初步形成了主要车行路均为林荫道的设想。由原厂区大门至吊装车间的长约270m的道路改造为一个精彩的步行街或称为带型广场，而它的几个不同的空间是由一条保留的铁路所串联起来的。原厂区的大门在拆除过程中有意识地保留了四根柱子，表面加了玻璃装饰，成为水晶城东入口的标志。在入口区的部分行道树的树池是由现场保留的铁路枕木组成的，它与周围新的地面铺装形成了较强烈的对比，显得饶有趣味。示范区的那一片主要由白腊树组成的浓密的树林原为厂区卫生院，地面的铺装图案为卫生院平房的房基示意，矮墙部分为原玻璃窑车间所用的耐火砖，售楼中心与老食堂之间的小院和树木也就地保留。以老吊装车间为中心的新规划的两条水景轴一条延伸至小区西侧的卫津河，另一条则指向西北入口，它

6.天津万科水晶城保留树木现状测绘图

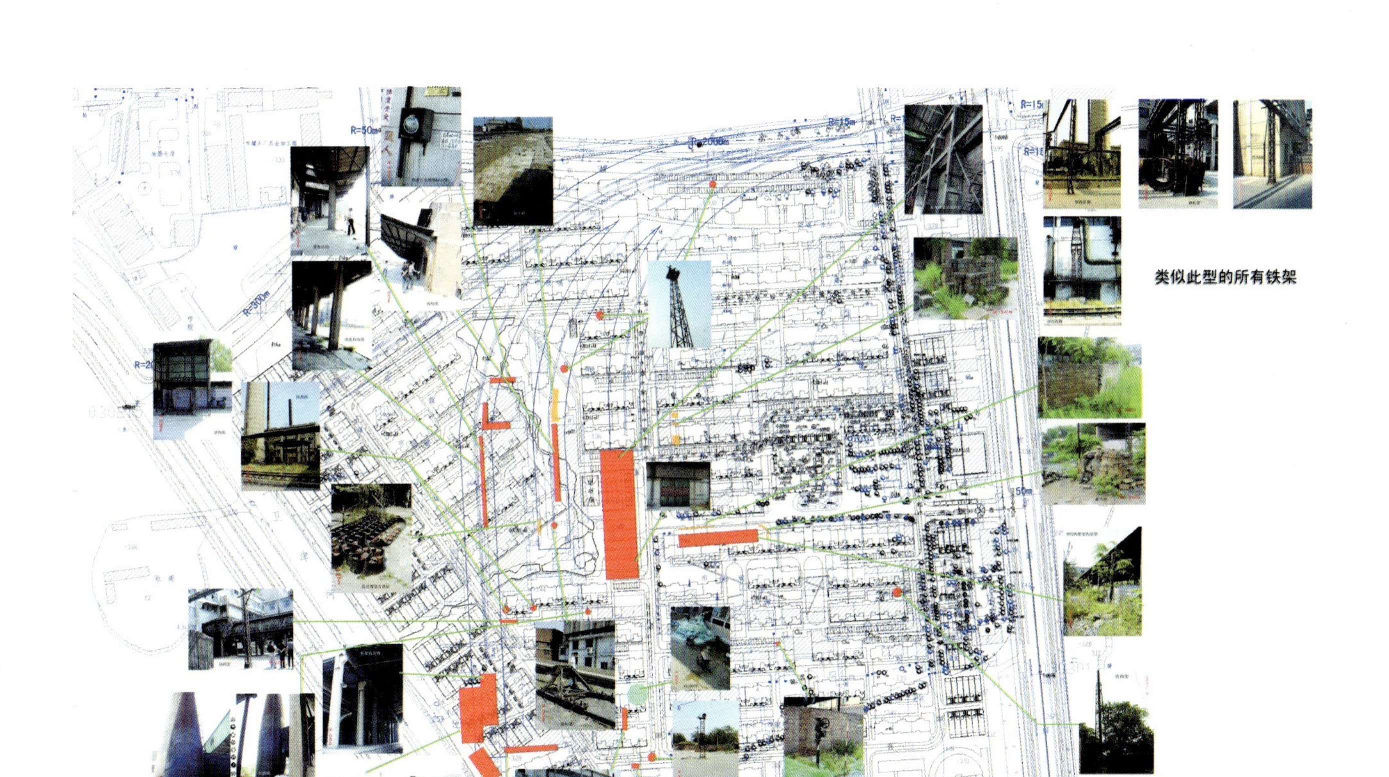

7

们使整个小区与外界的"水"这一元素有了内在的联系。作为水晶城的几何中心、景观轴交汇点与视觉焦点的原吊装车间被改造成为小区的中心会所，它所保留的那些巨大的预制混凝土框架与穿插其中的主要由轻巧而通透的钢和玻璃所组成的新建筑之间所形成的对比具有强烈的震撼力和吸引力，这些也促使其一定会作为一个重头戏隆重出场，形成小区建设和生长过程中的高潮。总的来说，水晶城的规划和景观上的种种考虑就是基于这样一种"寓新于旧、相得益彰"的想法，没有简单地把保留物变成一个展览，而是使它们完全参与和融入到新的规划设计中，成为小区中富有历史感和强烈的可识别性的一种元素，不但使旧有的"遗迹们"显得历久弥新，仿佛再一次焕发了青春，而新的建筑和环境则在它们的映衬下更加散发出年轻的活力。

作者单位：《住区》编辑部

7.天津万科水晶城主要保留物在规划中的处理

规划、建筑与景观一体化设计方法的实践与探讨
——以杭州西湖高尔夫别墅区为例

何 宁

一、项目概况

杭州西湖高尔夫别墅区位于杭州市之江路西湖国际高尔夫球场内。球场由美国宽柏国际顾问公司及尼古拉斯设计公司设计，具有配套娱乐服务设施。本工程用地形状呈三角形，三边临球道，占地12.33hm²，容积率≤0.25，是功能单纯的居住用地。北端与规划路相接，是小区出入口。项目用地是山麓低丘地，基地总体西北高，东南低，标高变化从14～27m（黄海高程）。

依据任务书要求，用地最终形成了以78栋独立式别墅和一个小型会所组成的别墅区，每栋用地约1000m²，建筑基底面积300～400m²，花园面积400～600m²。每户有双车库。

二、设计特点

项目在设计立意和工作方法上强调了从整体出发的概念。以园区高尔夫景观的宏观立意作为支点，规划、建筑、环境三个设计层面之间相互制约与磨合，力求具有整体感和有机感的社区设计，避免因为小区各个设计层面剥离而出现的问题。例如整体规划的固定模式化、外部环境与建筑个体的疏离、环境主题牵强附会、建筑语汇苍白贫乏或者建筑形式生硬嫁接等。使得小区整体设计在满足居住社区基本功能要求的同时，达到了小区景观环境与区域景观的融合——园区风格与地方的自然大环境和外围的高尔夫球场小环境两方面的契合；小区文化内涵与杭州本土文化的渗透——高尔夫社区文化对杭州传统园林文化的继承。基本上形成了中西方双重文化作用下的江南高尔夫社区的人文意境。

三、规划、建筑与景观一体化设计方法与操作过程的探讨

1、以杭州高尔夫环境为出发点的设计总则

在规划之初，外围已经建成的高尔夫球场环境以及用地本身的缓坡丘陵地形，成为整体设计取向中的突出矛盾。经过规划师、景观师与甲方的充分沟通和探讨，达成了尊重用地原有地形地貌，创造活泼的社区建筑群貌以融合球场环境，发扬球场景观资源优势的基本共识。这个基本的认识作为设计出发点，宏观把握总体效果，衍生出方方面面的设计意向，在后续一系列设计环节的取向中进行了调控。

2、规划与地形地貌的结合——景观构架雏形的形成

项目用地是山麓余脉的缓坡丘陵地，基地总体上西北高，东南低，标高从14～27m（黄海高程）。用地中央有一个高起的缓坡，坡南侧有落差5m的冲沟，是贯穿球场的排洪沟，按50年一遇的最大排洪

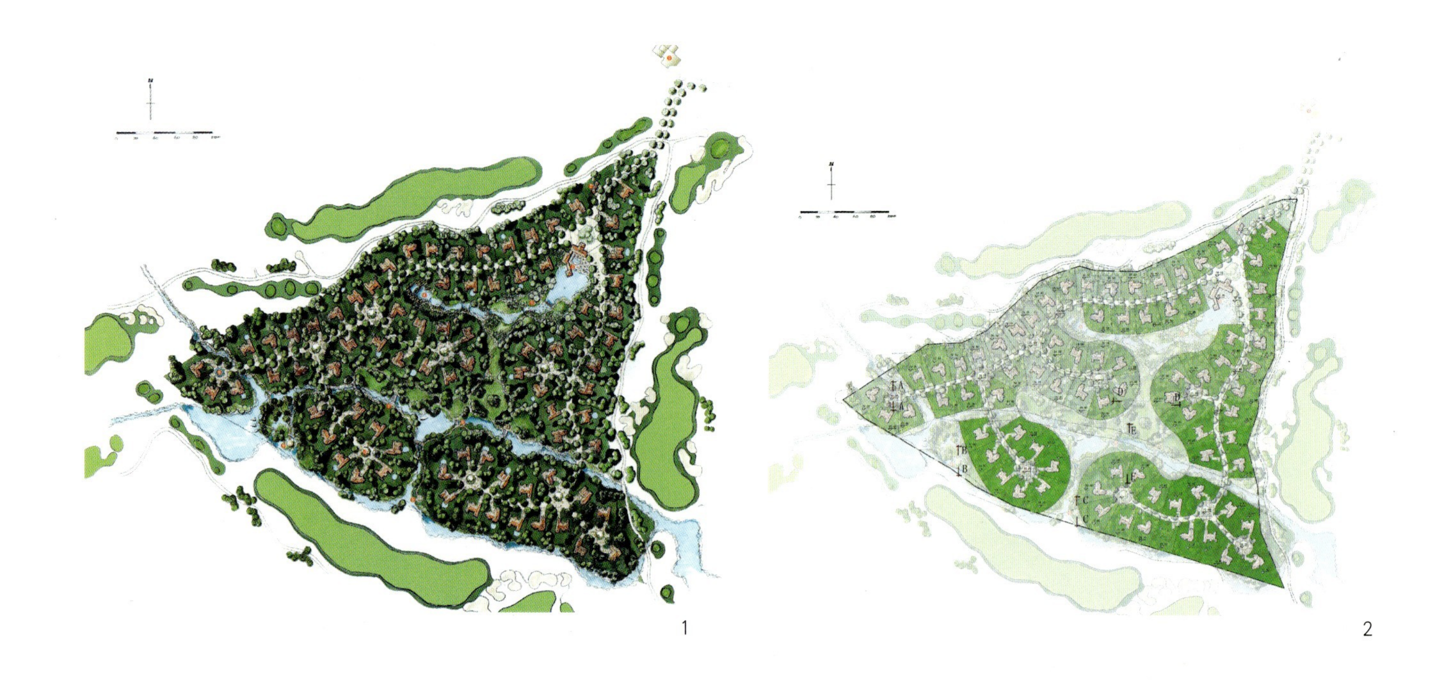

1.总平面图
2.地块地形分析图

量 13m³/s 设计，北侧是雨季自然形成的低谷。

（1）存在优势与问题

经过图纸分析和现场踏勘，总结出用地条件在土地利用上，存在以下的特点：

• 用地呈三角形，外围紧邻球道，视野开阔优美，是宝贵的景观资源。

• 用地内部有排洪沟横穿而过，过深的冲沟对居住安全和环境美观都有不利影响，另一方面，它的防洪功能至关重要，不能填埋。枯水期水量 0.2m³/s，在排洪期雨水丰沛。

• 北侧狭长形态的低谷，不利于通风、视野阻隔，不适于作为别墅用地。

• 中央高地的落差局部较陡，总体高差又不够显著，难以形成景观特色。

（2）解决方案

低密度的独栋式高尔夫别墅社区，用地外围是高尔夫球场，这些整体景观特征决定了规划和景观结构的基本特性：自然基调下的高品位社区环境。针对存在问题，设计采用以下方式，回避了生硬的基地改造，进行了景观和地形的结合：

• 在规划上充分利用外围用地，最大限度合理划分别墅地块，内部则预留绿化带，改善内向别墅的视野景观。

• 在排洪沟的位置上设计 500～800mm 深，平均 6m 宽的河流景观，利用天然水源节省园区水景维护的费用，保证社区的安全水深。同时在河流下砌筑排洪暗箱，依据50年一遇洪水量设计断面面积和形式，暗箱端头采用橡皮水坝封堵，在洪水期可以开坝泻洪。

• 在高坡的北侧汇水低谷上设置人工水源的浅溪景观，与两侧的坡地相协调，形成了深远幽静的景色空间，水深 200～400mm。改善了小区内部距离高尔夫球道较远的别墅视野景观，可供业主观赏和儿童涉水游戏，避免了不良用地的地形改造。

• 通过用地高差的局部调整，道路采用尽端曲线形式，在符合道路竖向坡度要求的条件下，让规划顺应地形，而不是简单地改造地形适应规划。不仅节约了土方工程量，而且促成了小区规划的景观特色，形成山重水复的层次变化。

• 在地形的局部陡坡区域，采用了浇注混凝土挡土墙、景石叠置、卵杆固定等多种手法，依据不同位置的不同需要，达到美观、实用的目的。

规划在整体上保留场地的原生态，力求促成场所里的自然与人平衡相处，使场所的个性在景观构架里得到了保护和强化。改善小区内部的景观资源，实现每栋别墅景观视野的均好性。

（3）绿化水系系统规划

用地中的水系雏形，规划成为小区内公共绿化的主脉，南北相连，形成总长 700 余米"工"字型的绿化带。社区的服务设施系统、步行系统、水系与公共绿地系统，主要集中在这一绿地内，它包含了必需的功能，成为社区的精神核心，增强了社区的归属感，完善居民的生活品质。满足商务、家政、娱乐等功能的小区会所，伫立于小区入口处，依傍着"工"字型的绿化带的东北端，会所前面形成水潭形状的游泳池，与卵石清溪相接。人们可以方便地享受工作生活中必需的各项服务。

（4）交通系统规划

为减少交通干扰，突出地形的起伏，道路以尽端式为主。不仅有利于组团亲切尺度的形成，而且利于地形高低差的错落。道路线型尽量流畅饱满：横、纵曲线的双重作用使沿途视点、角度变化丰富，形成了中式古典园林中山重水复、柳暗花明的意境。分支点上设环形景观交通绿岛，中心植以观赏树，加上专门的铺地设计，丰富沿途趣味。塑造的缓坡起伏的地形为小区的别墅设计留下了挑战和机遇。

3、建筑形式与规划特征的协调

（1）基地特点与协调方式

别墅地块的划分具有灵活自然的特点，依据道路和用地的转折曲线逐个划分，地块面积大小均衡，但是在形状上有所差异，它们的地形、外部条件也各异。规划阶段在可行的范围里，有意识地保留了地形的陡坡以及看似不利的地块划分，为建筑造型的变化打下基础，为单体设计激发灵感埋下伏笔，要求建筑空间设计使用错层、落差等手法以达到依坡就势的要求，住宅建筑群落跟随地形和道路的起伏变化，生动活泼，富有南方建筑的特色。

别墅建筑单体设计在国内已经不是新鲜的话题，但是由多家设计院，在不同的基地条件上、不同的入口方向、不同的基地形状、不同的高差、不同的外部景观条件等等，以相近的风格和语汇进行自我表达：追求南北主朝向、户内观景角度最优化等等，确实富有挑战。

为了多家建筑设计院的共同合作，规划师确定了一些限制性数字，例如坡屋面统一坡度、别墅间最小间距、入户距道路最小距离等等。同时建筑师在设计中提出局部的修整，在设计中针对不同的地块特征进行完善。多方面的合作与协调保证了建筑设计的多变和统一。

（2）建筑特点

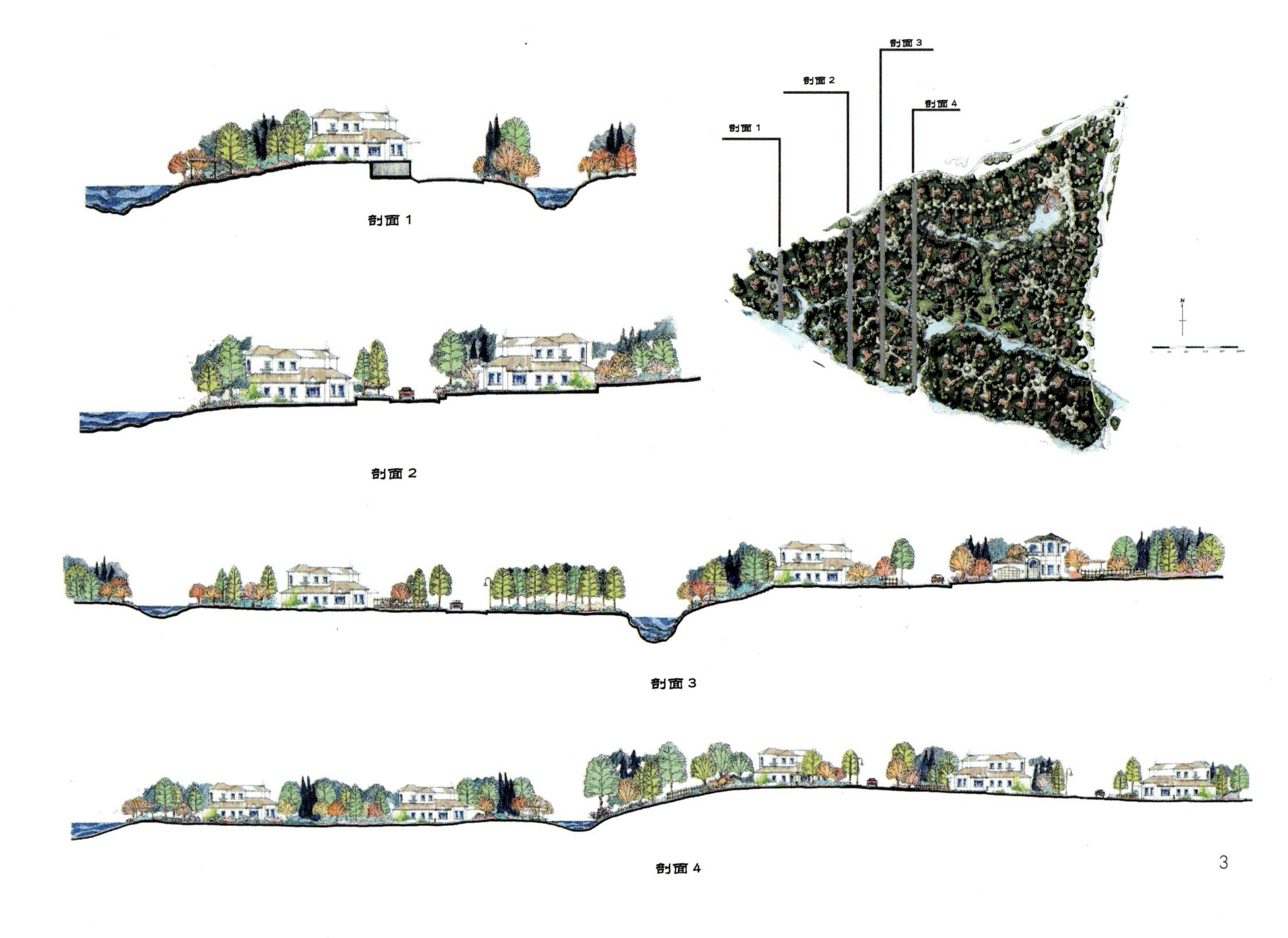

3.地块主要地形及建筑剖立面图
4.园区住宅及其环境
5.园区住宅及其环境

作为小区景观构成的主角之一，建筑的特色由景观、规划师、建筑师共同协商和定位。甲方作为当地人文化取向的代言人，他们的意见受到同样的重视。在交谈中，总体的意向可以用以下的词汇进行描述：与地形密切联系的建筑形体、较为深远的屋檐、通敞的视线、细腻的造型、石材和木材等天然材质的饰面；同时明确的反对是：鲜明的洋式风格、厚重的体积感、复杂冗赘的线脚。

在建筑设计的手法里，建筑师借鉴了西方别墅设计的风格和模式，内部空间的功能划分上采用传统的动静、内外分区；形式上，起居、客厅部分采用了通透的大玻璃窗，其内部空间的控制核心是壁炉，与外部造型上突出的竖向毛石贴面的烟囱相互呼应；其他的卧室、步入式衣帽间、豪华主卧室等这里不再累述。其中部分建筑的形式较为明显的沿用了赖特的草原住宅手法，在相对并不宽松的用地里，几栋别墅规则地长墙面相临，显得几分生硬。在平面关系上，有的别墅设计因为追求一些常规建筑设计的平行关系，而扭曲别墅单体内部的平面，牺牲了内部空间的流畅和舒适性；有时漂亮的坡顶遮挡了卧室外如画的球场风光，这些反映出设计思路中单一模式化的倾向。比较而言，一些与地块形状和地形结合更加灵活的别墅具有更多的可看性，形式和整体风格更加融合。

总体而言，建筑造型采用化整为零的手法，产生了较为丰富的屋面造型和多角度的观赏点，部分别墅有半封闭式内庭院。立面主色调青灰和白，局部文化石饰面，天然青色片岩屋面，实木栏杆平台。这些符号与杭州地理物候特征相符合，渗透出设计师的本土文化背景和审美取向。最终在群体效果上反映出极具江南人文情趣的景观建筑特征。

值得指出的是，全局景观的强调和总体规划的预留，要求建筑设计通过室内落差的处理、室外观景平台的处理与地形充分结合，使全局上具有了坡地建筑的独特风格，避免了兵营式别墅那种外观造型和内部空间的呆板；此外由于地块的差异性，设计从单栋别墅的视角出发，依据地形进行专门设计，使别墅群体景观上具有了传统民居聚落的生动特点：顺应自然地理条件；户户力争在有限的基地条件上取得相对最优化的景观资源；户型大致趋同，具有相近的手法，同时每一户又不尽相同，各有发挥之处。为最终塑造生动的景观效果作出了积极贡献。

4、景观环境对建筑的美化修饰

最初的景观意向在根本上决定了规划、建筑的取向，也决定了环境设计的基本构架：秉承师法自然的原则，尊重自然地貌和生态特色，以地形、植被、水系、景石作为环境的主角。强调软质材料，减少硬质材料的使用。从杭州古典园林汲取经验，以绿化植物配置营造生动舒适的户外空间，突出杭州春花秋叶、四季有景的植物特色。绿化品种以地方特色树种为主，符合生态和谐、生长良好、效果大方的要求。硬质设计强调天然材质、突出简约清新的风格。

在水系设计中采用景石驳岸和自然曲线线形的设计手法，进一步强调社区的自然化景观。在局部坡地护坡同样以天然石为材料，与建筑的饰面和风格相一致。

绿化栽植方面：临球场的水系形式较为开朗，河岸布置挺拔的大乔木，利于散球的防护和内部视线的穿透，内部河岸则是江南春天典型的桃花杨柳；园区内部北侧的水系是亲切明澈的溪流，种植江南特有的葱郁水杉林，形成幽静而深远的景观带；在连接河道水系较为开阔的坡地上，片植秋色叶的金钱松和银杏，形成独特的秋景林。别墅用地花园的分隔，以低矮的灌木为媒介，不仅增加小区的绿化率，而且突出了用地的整体性，形成完善的隔离绿化体系。

硬质设计在形式上简约舒展，在材质上尽量选用天然材料：石材路面、景石驳岸、木质步道等，掩映于绿茵之中，细雨绵绵亦或微风拂动，愈显天然持久的材质之美。

6. 园区住宅及其环境
7. 园区住宅及其环境

5、设计程序的特点

别墅区规划由于经济指标相对宽松，在规划形式上具有较大的灵活性，可以有多种选择。本案中的规划、建筑和景观设计始终明确高尔夫社区的主题，以简明贴切的方式，经过一系列逻辑性的选择，对用地中的自然地貌进行尊重的表达，使得小区形成了和谐于自然的肌理和结构，因而小区空间具有了可读性，为社区有机感和场所感的形成作出了努力。

在设计过程中，甲方多次组织了规划、景观、建筑方的共同会议，设计师们从不同的角度，对规划、景观和建筑进行建议和影响，使得多家设计院的合作有效并且有益于整体。

在设计过程中感受最强的是：多方设计人员的共同协作，不断的冲突与磨合——这是社区整体有机感形成的必经环节。作为本项目规划和景观设计的主持人，我同时深感几年建筑设计的经历对这个项目的巨大帮助。这说明了设计师必需的职业素养：具备完善的知识体系和全面的思考方式。另外，甲方对基地性质的独具慧眼，对设计师工作热情的调动，为项目整体效果的形成作出了决定性的贡献。引用甲方非专业的经典之句是：球场多么伟大！正是这句令人忍俊的话，经常提醒设计师，从忙于细部的状态中抬起头，审视细节和整体的关系。

四、现场实施中设计相关问题与解决方法的探讨

1、关于地形

由于小区的规划设计强调了地形的起伏和变化，每栋别墅的地形都以此而产生了渐变，有缓有急，个别坡度较大的花园，采用景石叠成挡土墙，形成分层平地，增强了花园的空间趣味和实用性。为了达到社区和高尔夫球场环境完全统一协调的目的，在建筑施工后，园区面临花园地形进一步重新塑造的必需步骤：不仅要求地形有机，而且要求基本满足自然排水功能。等高线地形设计图纸需要被充分理解和实施，回土沉降被逐步补足。这些过程依靠一些简单原始的方法，插竹签标记，依照标记甚至目测进行回填；施工中为减少后期回土沉降，预先留出沉降余量等方法。

一方面，园区经过人工修整，形成了优化的地形景观，另一方面，由于施工人员素质差异，有些局部地形效果则难免差强人意。施工的人工性在其中的作用不能忽视，有位敬业而富有施工经验的同志，在现场的土方施工上起到了重要的作用，在充分理解了地形图纸的基础上，依据现场进行了细节调整，相比之下其负责的区域内地形整治更加理想。

2、关于种植

种植是园区景观施工的另一个难题：例如少量成年大树的移栽：在适当的季节里，修枝、土坨打包后，采用重型机械车起吊、定位，工人指导、矫正的方法，基本达到了大树的定植要求，但是由于施工方式不够科学，未能成活的大树不得不在验收后重新移栽，一定程度上影响了经济效益和业主的心理感受。由于地形、植物的多变性，园区的种植图纸往往需要现场施工的调整，这是园林施工中的常见问题。控制施工效果，需要初期苗木选购上严格规格，防止因为个体显著差异，造成施工效果出入悬殊。对施工人员需要适当的专业培训，加强现场的操作灵活性，保证施工效果基本到位。

3、关于环境设计与施工

地形的自然变化和修整，导致施工操作的不确定性和难控制性。本案在图纸阶段结合基地地貌进行有机的设计，并取得了一定的成功，如何在深化阶段增强施工的可控性操作，是另一个话题。与之共生的是种植的难确定性：地形的起伏，场所远近景观的变化，致使现场的景观有时完全超出图纸的表达范围，单纯依靠图纸作为辅助研究手段进行设计，往往会有盲人摸象、面目全非的现场结果；放弃图纸的宏观控制，单纯依靠现场指定树位，又会有顾此失彼，失于整体的后果。施工和设计的密切配合和沟通，是有机化设计的另一条重要途径。

五、总结

杭州西湖高尔夫别墅区从规划设计到施工完成历时两年余，从最初概念规划到施工完成始终是一个探索和修正的过程，与之相关的各个参与方都付出了极大的热情和耐心。道路标高的确定、建筑标高的确定、地形的塑造、排洪处理、植物配置、建筑风格的统一、建筑形式的明确、建筑材料的选择等，在各个方面获得了丰富的经验和成果。应该说这个项目过程中，设计师追求的不仅是一个房地产产品，而且是一种共同的创作。规划设计获得建设部人居规划金奖以及杭州市的两个奖项，同时楼盘的销售业绩斐然。

尽管如此，项目仍然有很多不完善之处。在环境设计上，种植材料的不确定性以及房地产的商业操作要求绿化在短期出效果，致使种植施工出现意见不一的倾向。在河岸施工、地形处理上，体现出施工的难控性等问题。这些现象提出了一个现存的普遍问题：如何协调设计深度与园林施工的关系。本文提出一些个人感受和想法，在今后的实践中共同探讨。

作者单位：清华大学建筑学院

以传统居住模式，创造现代生态居住园区
—— 记绍兴"森海豪庭"生态示范小区的规划理念与实践探索

陶 坚

一、生态居住园区的理念探索

生态居住园区(Ecological Residential Community 或 Ecological Community)在国外也常被称为可持续发展社区(Sustainable Community)，绿色社区(Green Community)或健康社区(Health Community)。尽管目前对生态居住园区的概念尚处在不断研讨之中，但大多数学者普遍认为：生态居住园区是在当今环境日益恶化的背景下，体现可持续发展意识的重要载体，它应以减少资源消耗、增加资源的重复使用和资源的循环再生为主要内容，通过绿化，节地、节能、节约材料等一系列技术支撑体系，解决经济发展与环境保护之间的矛盾，达到人与自然的和谐共生。

笔者对"生态居住园区"的概念理解，认为应具有两重性：一是物质环境的生态化，即在现有的技术及经济条件的允可下，建筑及环境的规划、设计、营造方面应尽可能采取"节水，节地，节能"及"防止污染"的措施，使项目开发建设减少技术层面的盲目性和随意性，以最经济的手段，营造接近自然的，以人为本的，健康舒适的居住环境。二是人的精神（心理）感受层面对环境的认可性，即考虑居住园区的文化生态 —— 人类不仅仅是生物也是文化的产物，我们不仅需要功能和效率，也需要历史和记忆。从"人文生态"的角度，要求开发建设的项目具备鲜明的地方居住文化氛围，体现可持续发展的观念，更深层次地体现当代人的心理要求 —— 人性回归"自然"。

二、"森海豪庭"项目的实践探索

1、"森海豪庭"概况

"森海豪庭"居住小区位于距绍兴老城区仅一公里之遥的城东开发区内。从城市发展的延续性看，该地块与市区主节点之一的塔山公园及应天塔遥遥相对，形成景观序列，内含由老城区向新城区延伸的景观轴线。

该地块东北面为绍兴著名的东湖风景区；南面为省级旅游度假区 —— 会稽山度假区；西与老城区的主干道 —— 延安路、鲁迅路相连；

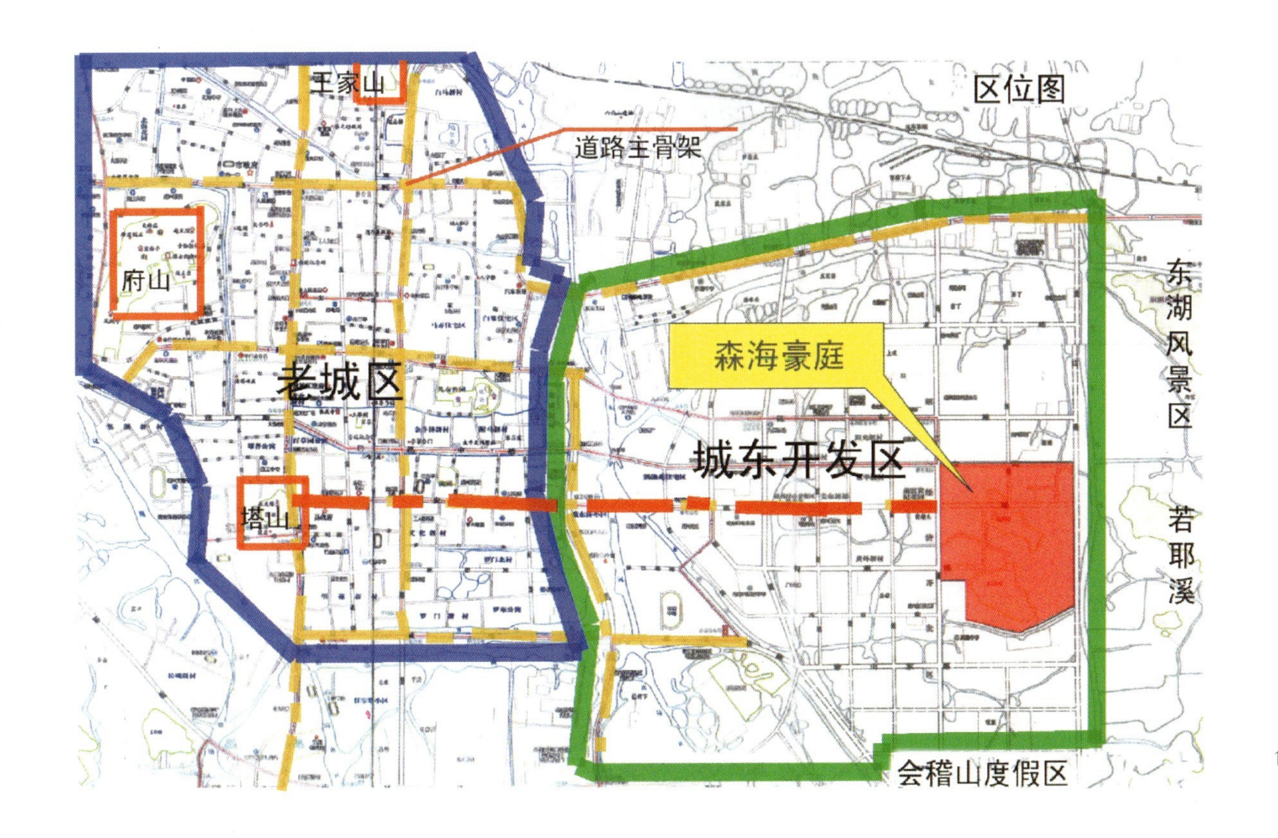

1.用地区位图

东临著名的若耶溪(图1)；地块内又有小丘二座：一座为鹿池山，相传为春秋越国君主勾践养鹿的皇家林园，从古代越国名臣范蠡构筑越大城的模式看，极有可能为越城皇苑遗址，具有一定的历史内涵；另一座为凌家山，南侧山坡与河流结合地带现存有村落，是理想的居住之所。地块内现有河流纵横阡陌，具有典型的绍兴水乡田园风光特色(图2.3.4)。

从现有的元素分析该地块具有两大特征：自然环境条件优越，又具有丰富的人文景观内涵。

2、规划实施设想

根据"生态居住园区"理念，进行具体的规划设计(图5)，主要围绕以下几点：

(1) 借鉴传统生态选址模式，规划总体布局。

中国传统的选址模式，在"天人合一"的宇宙观的影响下，特别关注人 —— 建筑 —— 自然的关系。经过长期的实践及理论抽象，形成了固有的生态最佳选址模式。

"森海豪庭"项目，从地块的自然因素中，经过抽象总结，可以得出相似的场地空间形态分析图，为此，规划总体布局上采取的基本手法：保持原有的水网格局，并加以疏通拓宽；沿着原有地形的走势，设计了小区"S"形大道及沿山曲路，以形成曲径通幽之势，引入传统园林景观的处理方法 —— 起、承、转、合，以形成特色居住环境空间；增设一条环小区内的林荫生态大道，两条绿化通道，强化景观绿化（图7）。

(2) 吸取传统居住模式精髓，进行组团及单体布置。

传统居住理念中，最佳选择负阴抱阳，金带环抱，背山面水。只要符合这种空间格局，就能形成居住的"福"地。不难想像，具备这样条件的自然环境，很有利于形成良好的生态和良好的局部小气候。为此，我们在布置组团及单体环境营造方面，都有意识地形成这种格局。采取的主要手法：利用山势环抱住宅组团；新开浅滩支流以形成宅前或宅旁的带形景观河等等。

(3) 沿承传统水乡、桥乡的居住环境形态，创造现代小桥流水人家的居住意境。

绍兴这座水乡、文化名城，水与建筑环境有机结合的特色体现的淋漓尽致。线形空间形成网络，河道以线的形态在城镇、街区及建筑物内穿越。城市空间随水体、桥涵，交织起伏，或稀或密，似带似网，使建筑空间形成一体，形成以线的形式展开的水景整体环境。绍兴又是一座具有"万桥博物馆"之称的桥乡，素有"垂虹玉带门前事，万

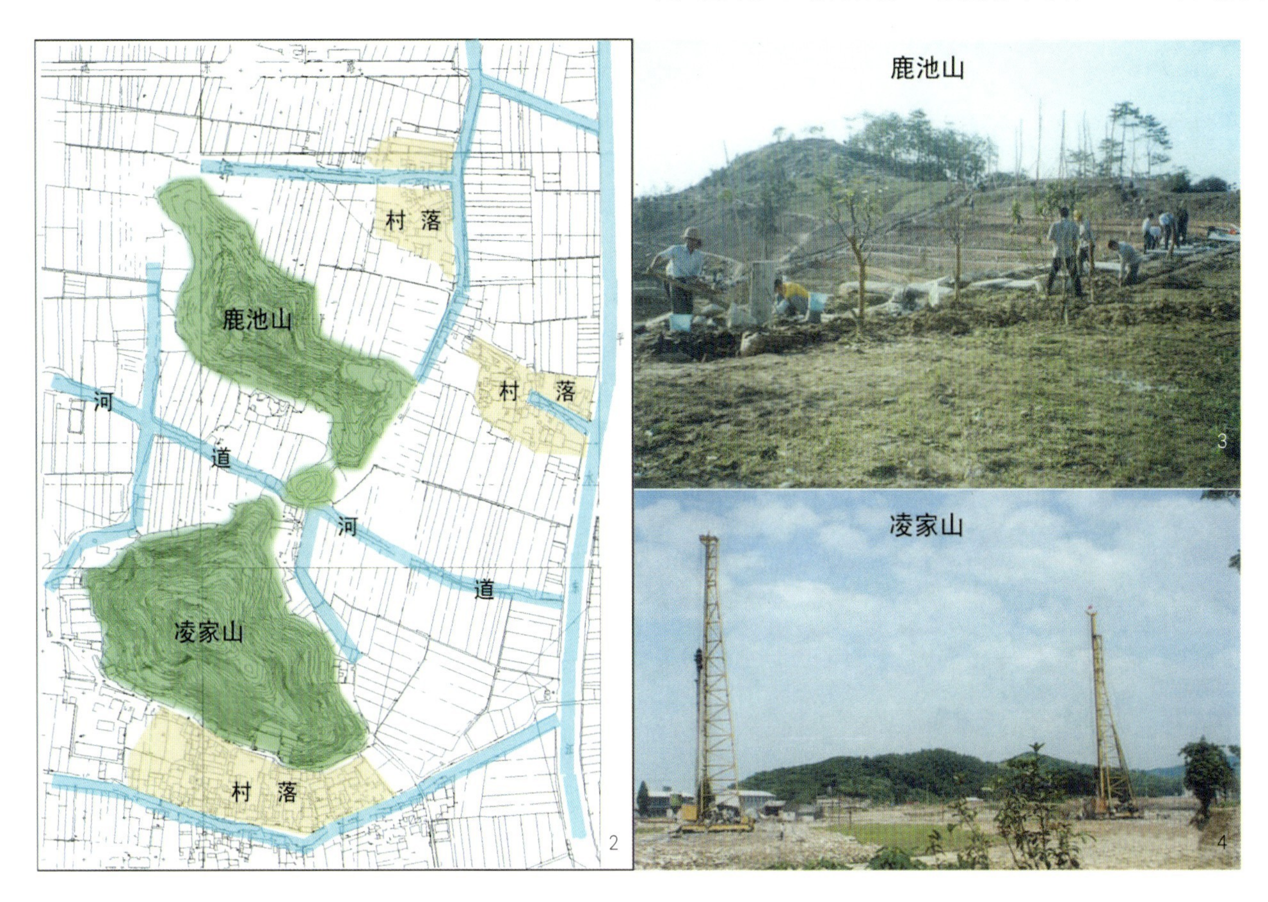

2.项目用地地形图
3.鹿池山
4.凌家山

5

5.总平面图

6

6.水乡桥乡意境布置图

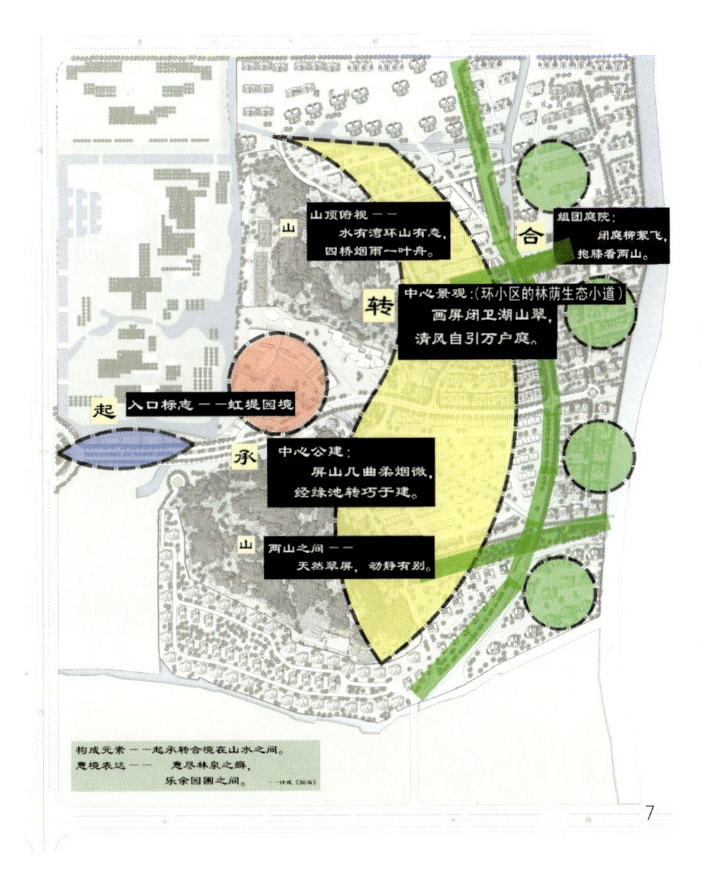

古名桥了越州”之美誉。

为了体现精神心理层面的生态观，使原有城市的环境特色不再消亡，以体现一种可持续发展的理念。我们力求使项目的开发建设与绍兴水乡桥乡的空间特色做到神似，具体采用以下措施：对于场地内丰富的水网，在尽可能保持原有河道的情况下，加以疏理、整合和完善，并重点建设中心绿地的水面、庭院水带和水街，使水体从入口开始一直延续，渗透到整个小区内部；在路网与水网的交织处，布置形态各异的车行桥，人行桥等，努力营造一种“步移景异的水乡桥乡现代居住园区”（图6）。

（4）在项目建设实施过程中采取可行的技术手段，创建“绿色生态环境”（表1）。

三、几点建议

住宅的开发建设，必须围绕人的需求进行创新。人对住宅需求的一般规律可以总结为由当初对建筑空间大小的要求，对建筑环境的要求，现已发展到对建筑生态化的需求。现代生态居住园区应该内涵以下内容：

1、由于自然生态系统的不断破坏，环境日益恶化，人们渴望有绿水青山、空气清新、宁静祥和的生活空间。因此，营造良好的生态环境已成为“新”居住园区的最大特点。

2、社会的不断进步，信息时代的来临，高新技术将在居住园区内广泛运用，给生态住宅充实了新的内容和新的形式。

3、健康是现代人最大的追求，健康不仅仅指强健的体质，更含对精神（心理）文化生活层面上的追求，因此生态居住园区中，不仅要大力应用绿色建材，而且还需营造积极向上的居住文化气氛，以真正体现住宅的可持续发展。

表1

目　的	技术措施及实施细则
节　水	1、充分利用江南水乡丰富的雨水及河网水源，通过物理净化手段，收集雨水及河网水，以满足中水回用的要求。
节　能	1、示范区中建筑物内的热水及环境景观照明，均利用太阳能 2、屋面、墙体及门窗采用加强型保温隔热构造处理： a、屋面采用高科技新型建材压缩型泡沫PVC粘贴。 b、墙体采用防止“冷桥”作用的墙体砌筑法。 c、门窗采用塑钢及双层真空玻璃。
节　地	1、规划布局上，充分考虑绿化的氧吧作用，尽可能多地采用集中绿地，增加乔木、灌木的种植面积，以利用并维持整个小区对氧气需求的生态平衡。 2、墙体材料上，积极采用新型建材ALC板材及压缩膨胀珍珠岩板材，以便在宏观层面上节约耕地。
防　污	1、防止空气污染方面： a、绿化配置上，注重多种绿化种类的配置，以尽量吸收因汽车尾声等产生的二氧化硫等有毒气体； b、建筑单体布局上，利用主导风向，加强小区内的自然通风。 2、防止水网河道污染方面： a、主要景观河道的河岸河底采用生态的砌筑办法，维持自然生态； b、对排入河道内的雨水收集系统，采用物理过滤法，并制定管理规范，定时定岗清污。 3、防止噪声污染方面： a、组团内外人车分流； b、主要交通道上，采用生态防噪处理手法，密植常年阔叶林； c、加强管理，小区内采用全天候限车限速处理。 4、防止垃圾污染方面：采用分类存放，定时定点收集。 5、防止光污染等方面：建材及环境配置上，减少用色的盲目性和不协调性，创造赏心悦目的居住环境。

参考文献

1.《风水理论研究》王其亨编 天津大学出版社

2.《住宅科技》2001 第三期

3.《建筑与水景》天津科技出版社

作者单位：浙江金昌房地产集团公司

绍兴市建工设计院

7.生态景观分析图

阿尔瓦·阿尔托住宅作品中的设计理念

陈佳良 范肃宁

一、引言

历史上，对于"独立式住宅"这一主题，许多建筑师都倾注了大量的精力与梦想。这是一个将注意力集中在一个狭小空间，并倾其思想与能力而成的小宇宙，是一个精练的独特世界。由建筑师设计的独立式住宅是现代特有的现象，在现代建筑的产生、发展中起到了重要的作用，同时，也可以说：住宅是决定现代建筑的方向，直接表达作者思想的试金石。关注独立式住宅，并将其作为研究对象的理由也就在此。

如今的建筑设计经历了各种思潮、各种流派的洗礼，然而在时隔半个多世纪的今天，当我们回首阿尔托的建筑时，仍然能够感受到一股强人的震撼力。这是为什么呢？也许正是因为阿尔托的作品中充满着建筑最本质的东西。

阿尔托的建筑中充满着人性化的因素，虽然阿尔托住宅作品相对于公共建筑作品来说，数量相对较少，但是住宅是与人们生活最为相关的空间，是形成整体环境的第一要素；具有极端个性的艺术直接性。因此，本文试图通过对其住宅作品的剖析，来展示阿尔托作品中所蕴藏的巨大魅力。

"在现代社会中，父亲是泥瓦匠，母亲是大学教授，而他们的女儿却是一位电影明星，儿子呢，简直无法想像。显然，每个人都有自己的特殊需求，都希望能够不受任何干扰和束缚地来做自己想做的事。因此现代的住宅也应该能够满足他们的这些需求。"

——阿尔瓦·阿尔托

二、阿尔托的住宅观

勒·柯布西耶曾说："住宅对于普通人来讲，就是当代社会问题与矛盾的集中体现。各种势力此消彼长，最终演变为一个平衡的建筑体量……"。他在1925年的巴黎装饰艺术博览会上设计了一个小型的标志公寓，是一件非常实用的居住机器。阿尔托也被推荐为该博览会设计建筑，但是他的作品相对来说便温和得多，然而二人殊途同归，他们的意图正如格罗皮乌斯所说的，都是想要使"住宅能够与当时的时代精神相吻合"。

阿尔托反对千篇一律的工业盒子，反对工业美学倾向所带来的人类个性的湮没。他的建筑造型温文尔雅，细部设计没有工业制造的痕迹。他研究、借鉴国际现代主义(即由勒·柯布西耶、沃尔特·格罗皮乌斯以及CIAM的其他创始人确立的现代主义风格)，但是却没有抛弃历史、传统、自然和文化，而是努力对其进行本土化创新。这种对国际国内两种文化的创造性整合正是阿尔托价值的重要体现，这正是人们应当持有的态度与观念。用阿尔托的话讲那就是，对于历史我们不应该拒绝，而是要尊敬它；"进化不革命"是他的箴言。

在机器时代里，人类的"个体"已经变得微不足道了。但是阿尔托却尽量改变这种现象。他对个体丰富性的认识尤其敏锐，对每个单独的部分都赋予各自的特色，因此也就增加了辨认的清晰程度；而各种个体之间的动态并置又产生了尺度适宜、人性化的环境空间。无论是宏观还是微观，恰当的尺度感始终是建筑设计的决定性因素。不仅如此，他作品中的人性化还体现在对本土文化的尊重与再诠释，将现代主义与传统文化结合起来，在传统住宅中融入新时代精神，为现代主义增添了历史感和人文精神。在他的住宅作品中，不论是别墅、独立住宅，还是大家公认的难逃单调呆板的公寓住宅，都是仔细地照顾了其中生活的每一个人。在他的建筑中，相互平行的平面和直角所构成的静止、清晰且容易确定的欧几里得空间，均被爱因斯坦空间所代替，这种新型概念空间连续、弯曲，就像大自然的空间那样，复杂而又暧昧。他对自然的热爱更使得他的建筑充满浪漫的气氛与田园般的诗情画意。正因为如此，他的建筑作品深受业主和人们的喜爱。于是大家总是将其看作是一件难得的珍宝一样进行良好的维护和保存。

三、阿尔托住宅设计手法的演变

1.新古典主义时期（1921～1927年）

受芬兰内战的影响，阿尔托在1921被迫结束了学校的学习生涯，回到了于韦斯屈莱，开设了自己的事务所。阿尔托早期设计的独立住宅包括阿拉耶尔维的阿尔托住宅改建（1918～1919年）、曼尼住宅（Villa Manner 1923年）、卡皮奥夏季别墅（Karpio summer villa 1923年）、维尼奥拉别墅（Villa Vainola 1926年）等。当时的芬兰建筑界正处在由前工业时代的乡村原始阶段向新古典主义阶段的转型时期。从阿尔托该时期的作品可明显看出其建筑形式与主题符号类型学的观念。作品应用了较多的古典建筑元素，呈现出雄伟、古典的气氛。建筑的门廊常为意大利式（如卡皮奥夏季别墅）或希腊神庙式（如维尼奥拉别墅）形制，且门廊通过光线的变化与处理，具有一种模糊暧昧的室外空间感。此外，他还试图通过围合庭院外立面的细部设计，从而将内部空间与外部空间结合起来。围合的庭院也让人想起文艺复兴早期的中庭空间。

2.转型时期（1927～1933年）

1927年阿尔托一家移居到了图尔库。在这段时期里，阿尔托的住宅作品较少，其中比较重要的有坦梅开别墅（Villa Tammekan 1932年）以及一些公寓建筑。此时的阿尔托开始狂热地研究借鉴现代主义，并对其进行本土化的创新。其住宅建筑风格也明显受到了德国现代主义思潮的影响。建筑外形简洁，墙面多呈白色、光洁平整，内部采用自由设计。阿尔托也从一位芬兰的功能主义建筑师成为国际现代主义的建筑大师。但从作品中充斥的各种国际上较通用的现代主义设计手法可以看出，此时的阿尔托还未能将“国际式”与本土文脉融为一体，个性特征也尚未成熟。到了1933年，他携家室将事务所搬到了赫尔辛基。

3. 发展与成熟时期（1934～1976年）

这段时期同时也是阿尔托建筑创造生涯的高峰期，设计理念与建筑观已初步形成。

从20世纪30年代起，阿尔托便开始使用天然材料，运用传统类型学的设计手法，浪漫地使用各种符号元素，引用芬兰本土建筑的典型细部，这些都获得极大的成功，对现代主义的设计语言进行了补充与修正。此外，他还在建筑体形中引用波浪形起伏的曲线与图形，从而将欧几里得的几何模型引入建筑设计，以此来扩展传统的现代主义设计语言。因为阿尔托在芬兰语中是“波浪”的意思，所以我们可以在一个更广博的层面上来解读这种形式的含意.这种形式不但隐喻着自然界中充满的能量与活力，而且可以看成是阿尔托彰显个人风格特征的符号。这段时间里，阿尔托与一些前卫派画家和艺术家的频繁交往，也激发了他有机、人性化而又充满活力的现代主义建筑风格。阿尔托在自宅设计（1934年）、玛利亚别墅(Villa Mairea 1938年)等作品中都进行着各种大胆的实验，广泛吸取各种设计手法和思想。在玛利亚别墅设计之始，阿尔托在杂志上看到了赖特的流水别墅，这使得阿尔托思路大开，甚至还曾试图说服业主也将玛利亚别墅建在一处流水之上，已做好的设计也全部推翻重来。最终的玛利亚别墅，标志着阿尔托新现代主义风格的形成。

在玛利亚别墅中，阿尔托得以将他先前的开创性设计，提炼得更加精致充实。建筑遵循传统的 L 形平面，含有丰富的立体派风格的细部设计。花园后部原始的桑拿浴小屋成为整栋建筑的中心装饰品，就像是芬兰建筑中的圣像雕塑一样。西侧有一座人工堆积而成的小山丘，因而在旁侧取土的位置上形成了一个“小湖面”——这是直接从传统的日本园林中借鉴而来的。画室那独具特色的非欧几里得的形式以及不规则的曲线墙体，形成了一种暧昧模糊的空间效果。它那高耸挺拔的通气管与紧贴地面的低矮桑拿浴室形成鲜明对比，因此这间画室已经成为阿尔托富有诗意的创造力的象征。

在二战数年的时间里，阿尔托对住宅产生了浓厚的兴趣，并开

1

2

3

1. 曼尼别墅立面草图
2. 卡皮奥夏季别墅侧立面
3. 维尼奥拉别墅

4、5.坦梅开别墅

6.玛利亚别墅入口
7.玛利亚别墅室内
8.玛利亚别墅

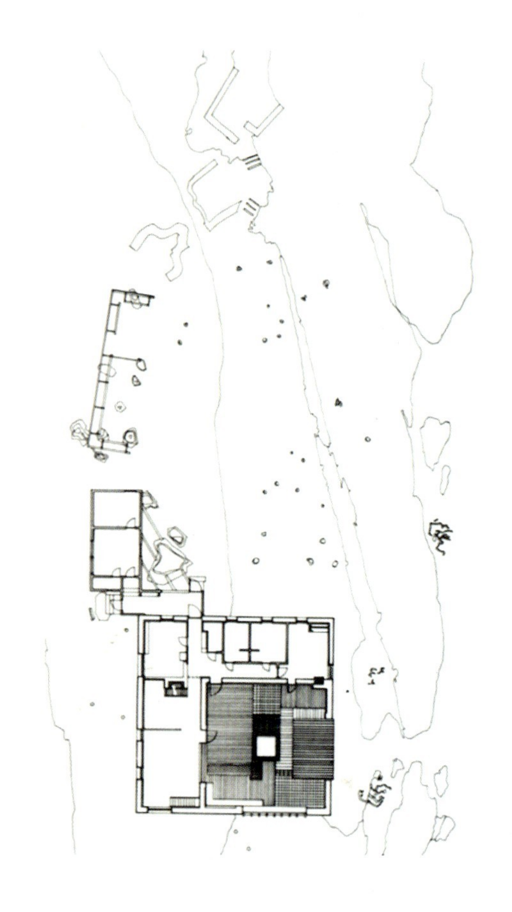

始；投身做细致的研究。他通过运用基于芬兰本土与地中海沿岸典型住宅形式的结构类型学，设计了能够根据需要和现有资源进行发展细化的有机体系，该体系可适应各种不同的地形条件。由于在战争年代里，大量的房屋需要修缮，大量的房地产项目需要开发，这就给了阿尔托完善其设计理论的好机会，使得他对居住房屋的人性化尺度以及人与自然的和谐统一都非常关注。诸如维尼奥拉住宅（1943年）便含有大量的创新设计，是阿尔托向经典住宅建筑乡土化语汇回归的极好范例。维尼奥拉住宅同玛利亚别墅相比最大的不同点就是，它更加简朴自然，作为主题构成元素的斜坡瓦屋顶是强调的重点。阿尔托典型的个性手法——复合分层的立面效果已基本明晰。

二战之后，战争的废墟上掀起了建设高潮，然而在这样的经济和社会背景下，那些在20世纪30年代所作的形式试验和研究便不能够实施了。可是，从阿尔托所描绘的图纸和画稿中，可以很清楚地看到，他此时还是继续致力于创造新空间和新造型这一挑战性的工作。一幅绘于1946～1947年间的油画中描绘着这样的图案：黑色背景中放置着许多大小不一的矩形体量，并被旋转成关系复杂的组合体；它们之间的消极空间于是变成了连续、模糊而又易变的流动空间。那由厚重的颜料、粗犷的笔触所塑造出的粗糙纹理，将一种先锋般的空间观念勇敢地表现了出来。其他一些画则是不规则的黑色体量放置在浅色调的背景中，从中可以看到许多阿尔托后来所作的建筑平面与立面（如不来梅的公寓住宅）的原型。其中最著名的便是阿尔托夏季住宅（1953年）。

20世纪50年代后半叶，阿尔托的创造力焕发出了第二次青春。而且许多重要的建筑都体现出阿尔托早期作品细部中所蕴涵的建筑造型理念。但此时他将欧几里得的几何造型与20世纪30年代作品中的分层流动空间与L 形平面结合起来，比较著名的作品有卡雷住宅（Villa Louis Carre 1956年）。这种将欧几里得几何要素的形式转变为有机而模糊的要素，对创造新空间和新形式来说是非常关键的。比如：建筑外部的构架，上层空间的线性楼梯，对首层平面要素的相应调整以及其他细部设计。由此，阿尔托便将传统的组织形式转变成为有机的现代主义变体。

阿尔托20世纪60年代起的成熟作品——阿赫托住宅（Aho Residence 1964年）、科科宁住宅（Kokkonen Residence 1967年）以及希尔特住宅（Villa Schildt 1968年）等等——又与形式要素紧密联系在一起，而这些形式又是从充满动态和生命力的原型中有意识地提炼出来的。而事实上，这些有机建筑语汇的发展演化正是他成熟时期的主要

9.油画
10.阿尔托夏季别墅平面

特色，并被看作是阿尔托对建筑文化的重要贡献之一，而且也是对国际式现代主义工业味十足的造型的温和的修正。

四、阿尔托住宅建筑设计典型手法与特色

1．三维拼贴画

阿尔托住宅建筑的整体轮廓多为不规则形，且建筑周围的立面变化十分丰富，从厚实的墙体到玻璃面与实墙面的虚实相接，再到通透的玻璃窗，这与密斯、柯布的方正规整的平面截然不同。且多处采用围合的L形外部空间构成Π形的空间形态；构成中，不采用机械的、系统的规律，而是使之富于变化；这些均是由于阿尔托将立体抽象派的拼贴画手法从二维画布艺术的平面尺度，转变成为融入自然环境中的墙和建筑的比例，这也许就是新建筑形式得以实现的关键所在。这种手法的表达又基于对建筑功能和流线以及结构和用途的清晰分析。将每个单体要素从总的综合处理方案中分离出来，对于解决建筑中的混乱状态是大有裨益的，而这种混乱则可以通过利用受控的平面、创造淡雅平静的感受以及清晰的等级秩序感来进行协调。相互独立的部分，通过材料、颜色和形式以及不断演变的丰富的建筑层次感来定义建筑的功能和美学。于是这样就能够不考虑现代主义的语汇，自由地汲取各种建筑设计元素——自然的，文化的，历史的以及个人需求——但同时又不破坏由工业词汇拼装起来的现代主义框架。从而确保建筑综合体能够与过去一脉相承，现代主义的演变也能够根植于历史的土壤中。在住宅作品中——尤其是他的自宅以及玛利亚别墅——立体派拼贴风格的装置手法比比皆是。如在曼基涅米建造的工作室和住宅中，他将建筑设计成一处传统与现代材料的三维抽象拼贴画，从而表现了材料与造型分层的手法：在混凝土、钢和玻璃中加入了木头和砖块。而在阿尔托夏季别墅中，那著名的内院墙体被划分为约50块形状大小各异的面砖拼贴组合，其效果真是妙不可言。

2．回归自然

阿尔托的建筑物总是融于其所处的环境中，如同从大地中生长出来的一样，如山尼拉纤维厂工人住宅（1937年）、柯图亚台地住宅（1937年）。建筑的形态也常采用存在于自然界中的曲线；建筑物的形态与内部空间常使人联想起自然，例如树木、草原、洞穴等。这些都是对北欧的气候、人文特点（森林文化、湖泊景观、极光主题等）进行无限演绎而形成的。比如阿尔托住宅建筑的内部空间往往是一些相互穿插交错的矩形空间，且空间沿斜线方向或者S形方向流动、展开，这便是森林文化的体现。走在建筑内部的感觉既不像芬兰的传统住宅，与现代主义建筑开敞平面中的流动空间也十分不同，而是如同走

11．阿尔托夏季别墅

12．阿尔托夏季别墅砖墙细部

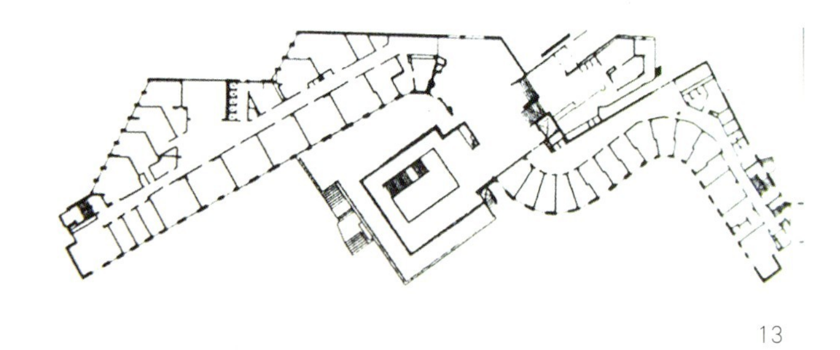

13

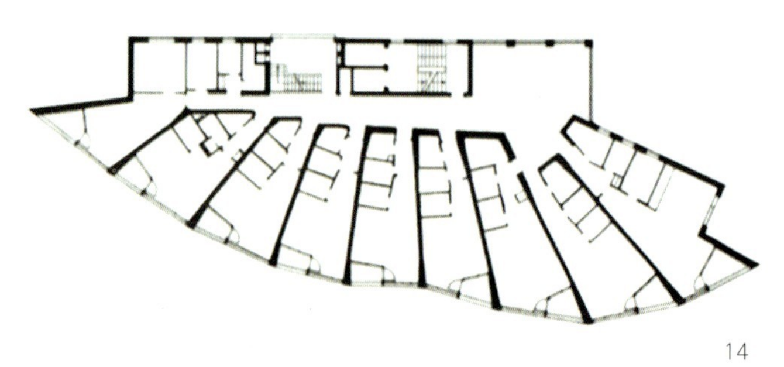

14

16

13. 麻省理工大学贝克学生宿舍平面
14. 不来梅公寓平面
15. 舒标高层公寓平面
16. 柯图亚台地住宅

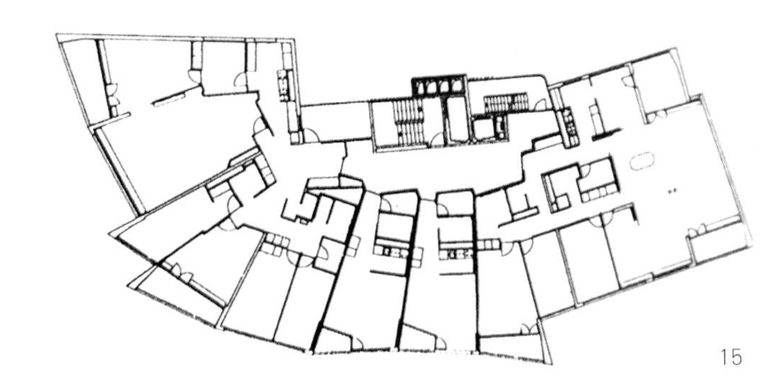
15

在森林中一般。所有的空间都在人的行进当中形成或者重新组织。而曲线与放射状造型在其公寓建筑中更是屡见不鲜。从最初的麻省理工学院贝克学生宿舍（1946年）到不来梅公寓（1958年）再到卢塞恩舒标高层公寓（1964年），阿尔托将扇形空间与线性的辅助服务用房结合起来，通过这种有机和线性元素的对比，使得组合造型更加鲜明。

3.人性化居住

阿尔托建筑的外观采用有亲近感的自然材料（有机材料），即纯粹的木材或者石材以避免无机、机械、冰冷的工业品质感，结构与形态也避免规律性的重复，各部分的平衡不是由规律性而是由视觉上的平衡来决定；建筑各个部位的尺寸符合人体尺度；使得机械的关联或构成具有有机生命般的系统，即相互独立的各个要素在等级结构中向上汇集于整体。

4.对传统的隐喻

将普普通通的传统符号赋予象征意义是阿尔托一项主要的创新。如将平淡无奇的树桩篱笆看做是一种特有的符号，并运用现代主义语言对芬兰乡村农场的围栏进行诠释，以及用桑拿屋作为芬兰典型农宅的原型加以演绎（如玛利亚别墅、阿尔托夏季别墅和科科宁住宅等均用一个原始的桑拿浴小屋作为整栋建筑中心的装饰品），将起居室的壁炉塑造成室内中心雕塑等等。由此，生长、进化和成熟的有机理念与现代住区的观念结合到了一起，历史和传统的思想也被整合到了现代主义风格中来。

五、结语

阿尔托的建筑正是他对环境的态度及其人格的真实写照，并且遵循着一条逻辑性的路线发展进化。他对自然、社会、艺术和技术的看法贯穿于所有的作品当中，而且他试图将这些想法综合成一种顺应历史发展潮流的现代建筑语言，那就是“有机”的现代建筑。他的方法论信奉的是经验主义与实用主义，乐于不断的接受挑战，进行新的创造，从而使自身得到完善。他品德高尚、为人友善，乐于向他人学习，吸收借鉴不同的观点与看法以弥补自身的不足之处，所以他的建筑作品才能够不断推陈出新，有所进步。

参考文献

1.刘先觉：《阿尔瓦·阿尔托》.中国建筑工业出版社，北京，1998
2.Richard Weston：《Alvar Aalto》.Phaidon Press Limited，1995
3.Trencher Michael：《Alvar Aalto Guide》，Princeton Architectural Press，1995
4.《Alvar Aalto Synopsis》，Birkhauser Verlag，Basel，1970

作者单位：清华大学建筑设计研究院
清华大学建筑学院

Universal Design——适用于住宅设计的全新理念

曹文燕

一、前言

被设计师们精心设计的世界常常不能完美地适用于每一个人。有些时候，几乎我们每一个人都会在所置身的空间中或日常使用的产品上碰到这样或那样的不便和问题，虽然有些不便人们可以很容易地克服，而有些不便却会给一些人群的日常生活带来很大的困难。到目前为止，设计师们常常习惯以健康的成年人群为标准对象进行各种设计，而实际上这样一个被均质化的使用群体并不存在。任何一个使用群体中的个体都是多样的有个性的。它带给设计师们的一个启示是，好的设计，应是能满足使用者的多样化要求的，具有包容力和适应力的。

另一方面，人们可能意识不到，"失去能力"其实是一种很普遍的状况。可以说，每个人都很有可能在其一生中的某个时点或较长一段时间中经历"失去能力"的困境，虽然有时只是临时的短暂的。而且这种情况会随着年龄的增长以及外部环境条件的影响而增加。人类寿命的延长及伤病治愈率和存活率的提高，意味着会有更多的"失去能力"的情况发生。"失去能力"的群体将不再是不被重视的弱势群体。因此，经得起使用者检验和时间考验的设计应该能满足健常人群的一般使用要求之外的其他多种需求。

以满足所有使用者需求为理念的Universal Design就是在这样的背景下被提出的。这个理念适用于各种设计领域，它在建筑都市设计中的应用及价值更需引起广大建筑师和规划设计者们的重视。

二、何谓Universal Design

Universal具有"普遍的，全体的，通用的，万能的"等含义。顾名思义，Universal Design（以下简称UD）就是指的一种通用设计。那么在当今国际设计界，包括工业设计，建筑设计及环境设计等领域内所倡导的UD是怎样一种概念呢？根据最先提出UD概念的美国北卡罗来纳州立大学设计学院所属的Universal Design中心所作的定义，UD是指"能够最大限度的满足所有人群的使用要求，而不需要再进行特殊设计和改造的产品及环境设计"。UD的目的是，在很小或没有增加格外的成本的情况下，使人们日常生活中的各种工业产品，交流手段以及都市建筑等构筑环境更容易被各个年龄段及各种活动能力的人群所利用，从而简化人们的生活，提高生活质量。UD理念的核心内容就是"以人为中心"。其革新性的概念即是改变过往的以健常的成年人为对象的标准设计，而充分考虑各种人群的多种使用需求而进行灵活的适应性强的通用设计。

Universal Design的前身是20世纪50年代为解决退伍伤残士兵的各种需求而兴起的Barrier Free Design。两者的主要区别就是，后者以消除物理的障碍为目标，而前者则以同时满足人们物质上的精神上的对空间及物品的需求为特色。

UD包括以下7条设计原则：

1、使用权利的公平性原则——Equitable Use（图1）

即设计应为所有的利用者提供相同的利用方式 避免隔离或忽略任何利用人群；公平地提供私密性及安全保障给所有的使用群体；努力使设计对所有使用者具有吸引力。

2、使用上的灵活变通性原则——Flexibility in Use（图2）

即设计应适用于广大范围的不同个体的喜好与能力。具体地说，应提供使用方法的多种选择；便于左手及右手的利用；帮助使用者提高使用时的准确性与精度。

3、使用上的简洁易懂性原则——Simple and Intuitive（图3）

无论使用者的个人经验，知识，语言能力，或使用过程中的精神集中程度如何，设计应是简洁易懂的。例如，尽量消除不必要的复杂性；尽量采用与使用者的使用预期及直觉判断力相一致的使用方式；照顾不同层次的文化及语言识字程度的需要 依据信息的重要性来安排信息的表示；在使用之前及之后提供有效的提示及反馈信息。

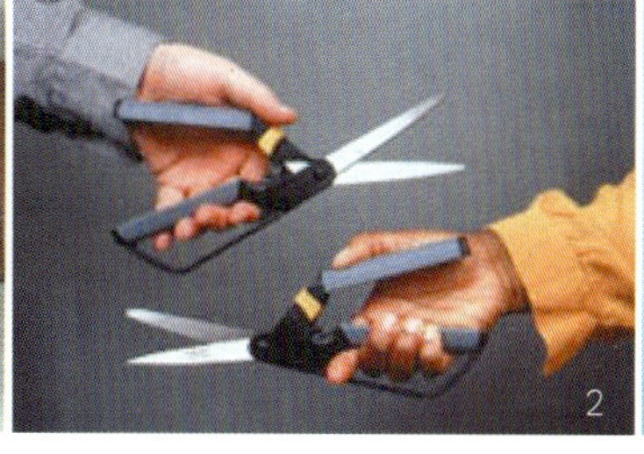
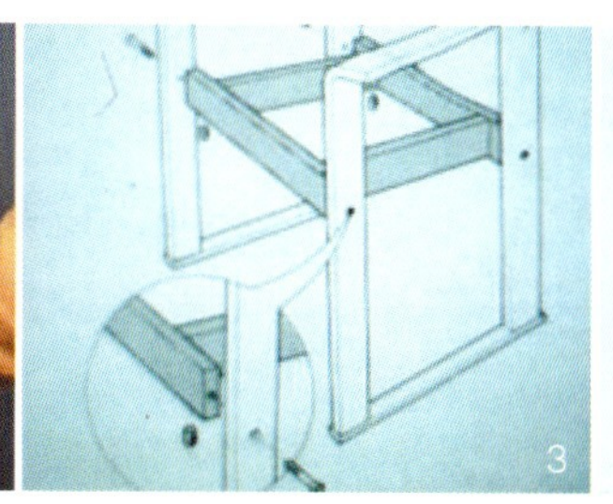
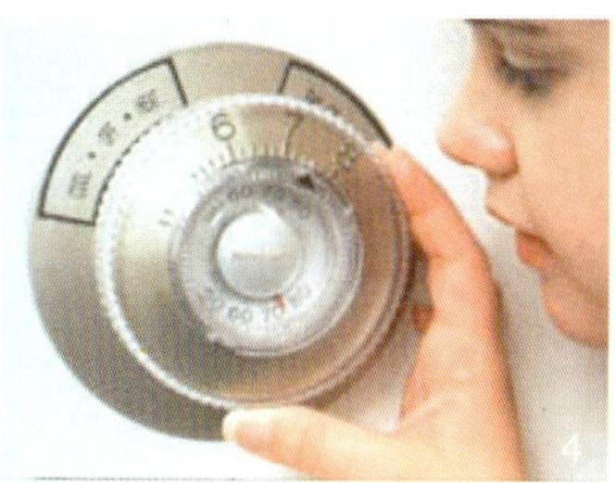

1.自动门方便所有的购物者，特别是双手都拿满东西的顾客
2.大手柄剪子：左手或右手都可使用，并便于高度重复动作时两手交替使用
3.家具组装示意图，安装方法一目了然
4.放大的突起易触摸的数字，不同的边缘质材，每两度间隔的声音提示，使温度设定直观易辨认

4、用信息提供的直观性原则——Perceptible Information（图4）

无论使用者周边环境条件或使用者的感知能力如何，设计产品与使用者使用时的信息交流应是可视的可感觉的。例如，最大限度地突出最主要信息的可读性及易辨认性；用不同的方式（图示的，文字的，材料的）来区分最主要信息和其他信息。

5、错误的容许性原则——Tolerance for Error（图5）

设计上应预先设想有可能产生的错误使用，尽量减少由偶然发生的非设计预期行为而引起的不良后果及危险情况的出现。具体方法例如，当不当使用发生时发出危险及错误信号；为万一发生的错误使用提供安全保障功能；预设防止错误操作利用的设计。

6、使用时的低体力付出原则——Low Physical Effort（图6）

即在保证消耗最小身体能量的同时获得最有效的舒适的使用效果。例如，使用合理的操作用力；将重复动作减至最小限等等。

7、使用环境的尺度与空间的适正原则——Size and Space for Approach and Use（图7）

无论使用者的身体大小，所用姿势或行动能力如何，都应提供尺度适当的空间以保证各种使用方式的需求；在重要的位置为任何坐着或站着的利用者提供显著的视觉信息；为需要人力的援助或利用辅助设备的利用者提供更加宽敞的空间。

三、Universal Design在住宅设计中的应用

1、UD住宅设计——住宅设计中的新理念

Universal住宅设计以UD的七个设计原则为基础，同时涵盖多种物理及空间上的特性（如：更宽的走廊，适当场所的扶手，及更多的适宜照明等）及现代科技的应用（如：电子控制门锁，安全报警系统，内部通话系统等），从而创造出更具吸引力的非设施化的，使各种年龄层和能力的人群都感觉舒适安全的家。换句话说，UD不仅仅是使住宅－家变得更功能化，更重要的是它将使居住变得更舒适。

在北美的住宅市场中，UD已被看作最热门的住宅设计概念之一。越来越多的美国人在建造他们的住宅或进行住宅改造时，将UD作为一个不可缺少的重要的设计要素。

在住宅设计中加入UD的概念可以归纳出三个方面的意义：

1）通过改善及完善住宅各个部位及各种空间的尺度，无障碍性，及使用方便性，不仅仅使行动不便的人们有了更多的自由活动空间，同时也提高健常人的日常生活的便利程度。例如，门及走廊等交通空间的足够的空间尺度不仅可以更方便大件物品的搬运，也使空间给人以舒适的感觉。又如图6所示，容易被人们忽略的门把手，在经过重新设计后，可以使提重物的手或行动不便的手更轻松地打开门。

2）无障碍的便利的空间安排及细部设计，可以为老人特别是行动不便的老人与儿女的团聚，提供更多的可能性，无论是小聚还是一段时间的共同生活。更使单独居住的老年人有了一个更舒适便利的居住空间，从而帮助老年人在自己习惯的家中更长时间地独立生活。

3）同时，加入UD的住宅能够经得起时间的考验，是真正的加龄对应住宅，即能适应随着时间的推移随着人们身体能力的变化而产生的不同需求，是可以从青壮年一直居住到老年的家。

2、UD住宅的设计要素及应用实例

在前面已经提到，UD最主要的设计理念就是“以人为中心的设计”。UD注重人们在日常生活中对空间实际利用的方式和特点，通过UD的设计特点去最大限度地满足人们的的生理及心理需求。可以说，居住空间是实践UD的最具典型意义的场所。

UD住宅设计至少应包含以下五个基本要素：

1）各个空间的入口都有足够的宽度。

2）足够宽的可以保证轮椅通过的走廊。

3）无高差（台阶）的包括主入口在内的各个房间入口处的地面处理。低于一般台阶高度的高差容易引起跌倒事故发生，因此这里所

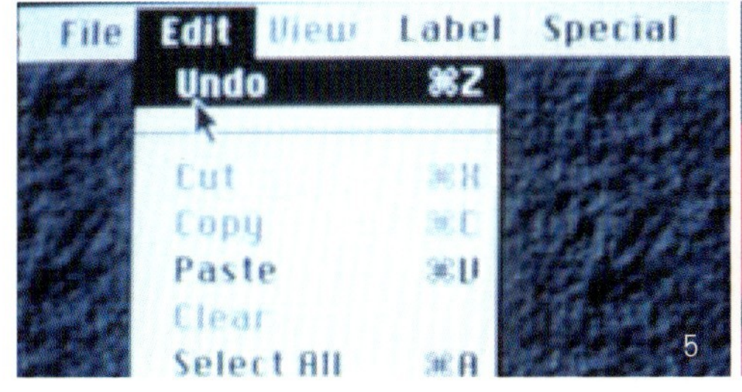

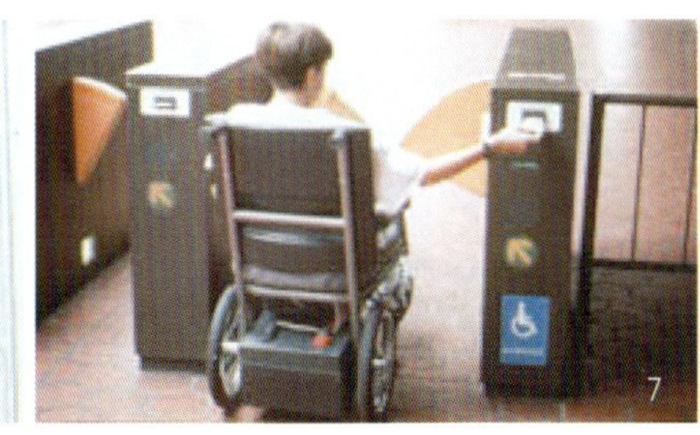

5.undo为错误操作提供补救

6.垂直部分的把手便于握拳式或用胳膊肘部开门，不同于传统的球式把手

7.有轮椅标志的检票口，比通常检票口宽，便于轮椅及携带大件行李的利用者的通过

指的无高差应是完全的没有高差的。

4）对于一层以上住宅来说，应保证各种主要活动可以在无高差主入口所在层中完成。可以包括厨房、餐厅、客厅、家庭起居室、卧室甚至是书房及娱乐空间等。多数情况下，可以考虑在家庭成员的公共活动空间的主要层上，多设计一个房间，根据使用者的需要，可将其作为书房、卧室、办公室或家庭起居室来使用，这样可以使利用者根据不同的需要灵活安排。

5）足够大的可以保证轮椅使用的浴厕空间。

以上所列基本指住宅内部的UD，对于集合式多层及高层住宅，还应注意以坡道来代替每个主入口的台阶，以电梯取代楼梯等。

正像UD理念中所倡导的一样，UD涵盖了住宅设计的方方面面。从空间布局、尺度，到部品细部设计，从家具设计到灯光照明，住宅的各个角落都是UD可以应用的场所。图9至图16为几个UD在住宅设计中的应用实例，以期读者能对UD住宅设计有一个初步的感性认识。

四、结语

随着人类健康及医疗水平的提高，人类的预期寿命会越来越长。对于中年特别是老年购房者来说，具有UD特色的住宅会更具吸引力。可以预见，在竞争激烈的房地产市场中，UD住宅会具有更强的竞争优势。UD概念将在提高住宅设计水准，提高居住生活质量上发挥相当大的作用。

以上海为首的中国沿海大城市，从1996年开始就已陆续步入老

8.宽敞明亮的空间，下部橱柜设计为部分凹入式，适当的操作台面高度，考虑了轮椅使用者等座姿的利用（照片：Wellborn Cabinet Inc.）
9.图8的洗碗机部分放大。抬高的底座，可减少弯腰的程度，并适合坐轮椅时的操作；抽屉式的碗碟架方便取出和放入碗碟（照片：Wellborn Cabinet Inc.）
10.卫生间的推拉门，可增加门的宽度，亦可提供更宽敞的内部回旋空间；无高差的入口地面。（照片：Johnson Hardware.）
11.方便轮椅使用的卫生间，可见宽敞的入口，足够大的回旋空间，墙上装有扶手

龄化（65岁以上人口占总人口的7%以上）。对于中国这样高速老龄化的人口大国，在宅养老是解决老龄化问题的关键所在，而相适应的住宅设计则是关键的关键之一。在高龄化高峰到来之前就一步到位地从住宅的规划设计阶段开始引入UD的概念，对有效利用有限的资金，达到提高居住质量，改善居住环境具有重要意义。

同时，与世界先进国家相比，中国的都市及建筑空间在包括无障碍设计在内的UD设计方面还处于相对落后的阶段。建筑设计、规划及政策制定者，在充分利用2008年北京奥运会及2010年上海世博会这样的建筑城市大发展的良机，使都市的建设与建筑设计发生质的飞跃的努力过程中，UD正是急需填补的空白之一。

参考文献

1. The Universal Design File: Designing for People of All Ages and Abilities. NC State University. The Center for Universal Design. Revised Edition 1998.

2. Universal Design: Homes that meet life's changing needs. Greg Loper.

3. Universal Design and the New Urbanism. Philip Dommer.

作者单位：BCIT，Canada.

12.UD改造住宅。两层。入口处加坡道，方便老年人的出入，为身体行动不便後继续在熟悉的家中居住提供方便（照片：Philip Dommer.）
13.UD设计新建住宅。一层。一缓坡道与入口相连，无高差（Iowa City，Iowa，USA）
14、15.UD设计为家庭成员间的，代际间的，朋友间的交流提供了舒适的空间

巨型“居住社区”发展的优势、困惑与突围
——以北京的三大“居住社区”为线索

林 纪

自20世纪80年代中期以来，北京市的住宅建设规模和总量一直位于全国大城市的最前列。特别是近几年，全市范围内各类小区、居住区、居住社区如雨后春笋般地涌现出来，北京城简直就是一个超级大工地。仅2001年全市在建的各类房地产项目就有千余项，总建筑面积约8000万m^2，竣工面积近3000万m^2，而其中一半以上是住宅项目。这个数字已比同年整个欧洲的建筑总量的两倍还要多。随着北京申奥的成功及中国加入WTO以及市场需求等因素，北京正在成为世界建筑业，特别是住宅建设的中心城市和重要的国际舞台。来自世界各地的规划师、建筑师们都前来这里“赶集”，生怕错过了一丁点儿的机会。

然而就北京市目前的住宅建筑项目作一个概括的分析，发现大部分的项目都处于“散兵游勇”、“单打独斗”的发展状态，东一块、西一块，从而导致了各项目、楼盘之间的协调性、整体性较差的局面。这可能与1992年所编制的《北京市城市总体规划》的前瞻性和预见性的部分丧失（由于编制年代相对久远，经济与社会发展日新月异），加之城市来不及做较为全面的近期建设规划以及规划管理力度跟不上城市的发展速度等因素有关。

但回顾十多年来北京住宅小区、居住区和居住社区的发展历程，其中最具知名度和广泛社会影响力的还是那些由总体规划和政府最终确定并统一规划建设的巨型“居住社区”。如1980年代后期至1990年代初期所形成的“方庄小区”；1990年代初开始建设，至今仍在建设中的“望京小区”；以及1990年代末至今正在逐步形成的“万柳小区”（图1）。

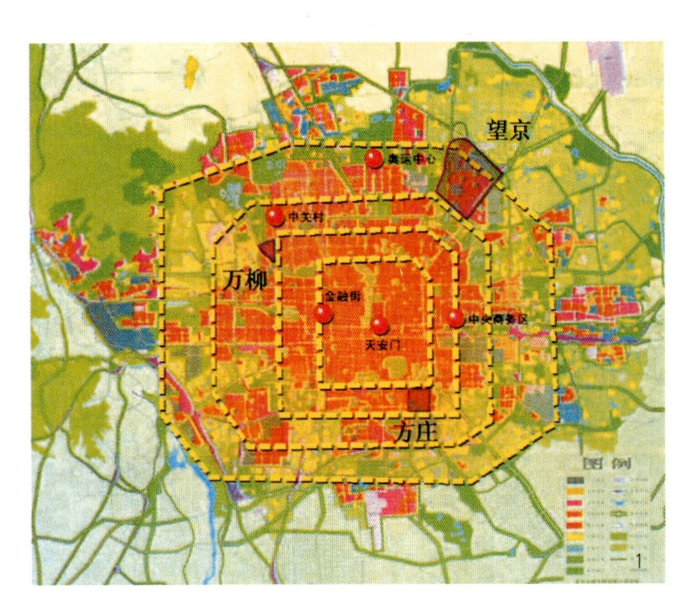

1.北京三大“居住社区”位置图

以上三大片区虽然人们在习惯上仍称之为“小区”，但实际上它们与通常在规划设计中所定义的“居住小区”（即人口规模为7千至1.5万人，用地规模在17～35km²）的概念完全不同。

可以说，这三大居住片区都是真正意义上的超大型居住区，或者说是由多个居住区、居住小区所组成的巨型“居住社区”。这类居住社区的优势是往往具有良好的政策初始条件，其整体性与综合性强，并且通常具备良好的大市政条件。除此之外，巨型“居住社区”在区位选择、交通环境、规模及自身定位等方面也有其独特的、不同于一般居住区的特征。

以下是对这三大“居住社区”（下文中统称为“××地区”）之区位、交通、规模、发展困惑及前景与定位的综合分析，并着重分析望京地区所出现的问题。

一、首先来说“万柳地区”

区位特征与规模：万柳地区（图2）地处北京城市西北的海淀区，三环以外，四环以里，1996年开始规划，1998年12月正式启动。规划总占地面积4.76km²，其中用于居住社区建设的面积约3.6km²，居住人口约8～10万人。它位于北京西北部“绿色肺叶”的南部，紧邻昆玉河，远眺颐和园及西山风景区（图3），是北京市未来将要打造的“城市山水区”的核心地带，其自然环境条件可遇而不可求，并且处于中关村经济与文化辐射圈范围内（图4）。其周边的各类城市功能设施一应俱全：如邻近多所著名的高等学府（北大、清华、人大、理工大学、外国语大学等）及中小学校；海淀医院、海淀妇幼保健院近在咫尺；距正在建设中的中关村西区不过一公里；距当代商城、双安商场、友谊宾馆、燕山大酒店等不足两公里；距海淀图书城、体育馆、海淀剧院等也在一至两公里范围内，其周边的各类城市功能设施已十分成熟和完善。

交通特征：万柳地区出行的交通方式十分理想，是那种典型的“好的交通系统”[1]。即由小道路（社区内部道路）融入到当地的街道（万柳东路、蓝靛厂北路）、由当地的街道融入主干道（长春桥路）、再由主干道融入快（高）速公路（三环路、四环路、五环路）的模式，从而形成了分级清晰并有良好过渡与缓冲特征的交通系统，加之出入口较多，较好地避免了交通冲突点的产生。再则，由于该地区是一处

新型的社区，区内的项目都预留了足够的地下停车设施，使地上行人与机动车之间的相互干扰降至最低(图5)。

发展定位：由于社区周边城市功能结构相对完善，其居民大多在附近几公里的范围内工作与就业，且东、南、西、北各方向都有，呈全方位的发散方式，对“社区”所产生的就业、通勤及其他压力相对较小。

由于中关村地区已不再审批住宅类项目，因此，其周边品质好、环境佳的住宅区便成为中关村及周围地区白领及知识阶层人士的首选之地。此时万柳地区的推出和形成，以及把自身定位在建立一个人文环境良好、功能相对单一的“纯居住社区”的目标上是非常准确和有远见的。

这里的项目推出一个热卖一个，如万泉新新家园（图6）、锋尚国际、涧桥泊屋、碧水云天等，社区发展前景十分看好。因此，目前看来，其整体优势比较突出，困惑相对较少。

二、 其次是“方庄地区”

区位特征及规模：方庄地区位于北京市区东南，处于市中心区经济与文化辐射圈的边缘，二环、三环之间。它的北面是北京的南护城河，并与天坛公园、龙潭湖公园隔河相望。整个社区规划面积近4km^2，人口约12万左右。主要由芳古园、芳城园、芳群园、芳星园四大居住区组成，并形成一个“田”字形的结构。若取四个居住区名称中的中间一字，则构成“古城群星”几个字。可见当时的规划组织者们是希望这儿能成为首都一处亮丽的、群星闪耀之地。

2.远眺万柳地区
3.从万柳地区望昆玉河及西山景观
4. 建设中的中关村西区
5.社区道路与城市干道的有机结合

6.万泉新新家园北入口
7.由芳古园远眺南二环及龙潭湖公园
8.由芳古园小区道路直接进入南二环，易形成交通冲突点

交通特征：方庄地区的大交通环境很好，社区南面是南三环路、北面是南二环路（图7）、东面是方庄路，西面是蒲黄榆路，在围绕方庄的四条道路中有两条城市快速干道（南二环、南三环）一条城市主干道（蒲黄榆路）和一条次干道（方庄路），加之规划中的地铁五号线将从这里经过，从而使方庄地区的外部交通网络比较合理。

但随着城市交通与汽车的发展，方庄地区的内部交通以及与外围的交通联系也出现了一些问题。如缺乏合理的停车场设施（当时未能完全预见到这些问题），无地下车库，私人汽车大都停在每幢楼周围的地面上，楼间的活动空间越来越小，环境受到威胁。

另外，一些区域，如芳古园邻近蒲黄榆立交桥的东南部分，住户若驾车回家和出门都比较困难，几乎是从宅前的小道直接进入城市快速路或主干道（图8），其间缺乏相应的支路或次干道进行联系（或者只好绕一大圈），由于车速相差较大极易形成交通冲突点，笔者在今年去方庄的几次经历中，就有三次在该区域的出入口地带遇到了不同程度的交通事件和拥堵情况，问题值得深思。

发展的思考：回想十几年前的方庄，曾有过别的地方不曾有过的昔日辉煌。它曾是北京市最著名的“富人社区”，当年人们以能住进方庄而引以为傲。一时间，这里成为许多成功人士的理想居所。在一些人心中甚至出现了一种难以明状的“方庄情结”，可见那时的方庄是多么地深入人心。

面临困惑：但随着近几年城市功能与宣传重心的变化，如东部的CBD概念，西部金融街的兴起和中关村的逐步成熟，以及北部奥运中心概念的影响等因素，使人们将更多的注意力放到以上这些“热点”地区，使方庄也因此逐渐失去了其原有的视觉“焦点”的地位，可以进行“炒作”的概念和卖点越来越少。昔日的贵族区域也逐步开始走向平民化。前两年甚至传闻一些富人已“撤离方庄”而投奔别的区域，“方庄问题”已成为北京城里一种新的城市现象。

新的突围：方庄与万柳地区的情况不同，它不像万柳地区那样其周边的各类城市功能已十分完善，并且就业环境良好，因此可以按照一个相对“纯粹”的居住社区的方式来运做。一直以来，方庄地区及其周边可以提供的就业岗位相对较少，大部分人只有在城市北部及东北部约几公里至十几公里范围内解决就业问题，每天上下班过于集中的通勤压力不容忽视。“十年方庄”从辉煌到失落的过程可以看出，方庄只有靠修炼“内功”，即加强自身内部的功能吸引力来重塑新的信心与希望。近两年方庄就是这样在进行着第二轮的开发定位。一些新的商贸服务中心、美食街（图9）、体育设施、交通设施和教育设施等正在逐步改善和形成，并提供一定的就业岗位。同时，一批新的、精致商品住宅小区，如早安方庄、时代芳群（图10）、紫芳园等，吸引了原来方庄地区的住户成为二次置业者，使他们深厚的地区情结和认同感能得以延续。虽然这里的楼市再也不会像十年前那样火热，也难以再定位成“贵族化”社区，但今天方庄若朝着建立“成熟社区”、“成熟小社会”的方向发展（图11），将内部做精、做强、做完善，并植入一些城市功能，同时提供一定的就业岗位，兼备综合性、便利性和社区的相对独立性等特色，方庄地区在新时期、在新的发展层面上走出困惑，实现新的突围，续写往日的辉煌与成功不是没有可能的。

三、再说“望京地区”

区位特征及规模：望京地区地处北京市朝阳区，位于东北四环与五环之间，部分地段在五环以外。它东南紧临酒仙桥电子城，西北紧靠北苑小区以及规划建设中的奥运中心区，是北京市的“东大门”。望京中心区距天安门的直线距离约12km左右，距未来北京城的中央商务区（CBD）约8km，其地理位置十分优越。望京地区于1993年正式开始建设，距今正好第十个年头。它是目前北京市统一规划、统一开发与建设的规模最大的城市新区。现状建成区的面积约为13.4km^2，人口约28万，将来全部形成后总面积将达到17.2km^2，人口将超过35万[3]。

交通特征：望京地区东临京顺路、机场高速路，南邻四环路，西靠东直门至西直门的城市轻轨13号线和新京顺路，北抵京包铁路环线，五环路从东西向穿越其间。城市环路、轻轨、快速路、高速路围绕其周边，大交通条件十分良好。

望京地区的成长与发展背景：望京地区的总体规划始于1986年，曾通过全国竞赛并几经修改后于1987年经北京市政府原则批准实施。

在1992年版的《北京市城市总体规划》中，望京地区被纳入九仙桥边缘集团的一部分，是总体规划中确立的为分散旧城人口及城市功能的现代化新城之一，同时也是具有“副都心”性质的综合性新区（图12）。

望京地区曾是北京市“八五”计划期间最具开发潜力的地区之一，被确定为北京市扩大改革开放、吸引外资的重要“窗口”。

应该说，望京地区从其孕育与成长的第一天开始，就有着得天独厚的政策机遇、经济机遇和文化机遇。

政策机遇表现在：望京地区是在党的十四届三中全会决议精神，即要有新思路、大手笔、新举措、大动作，要适应社会主义市场经济的需要，真正做到第一流的规划、设计，第一流的开发建设，第一流的经营管理，要建成现代化、国际化，体现北京特色的新城风貌这一前提下进行开发和建设的，有着规模大、起点高的特点。

经济机遇表现在： 望京地区是北京市的经济流、城市流和信息流的重要出入口之一，其大交通环境相当优越，加之有北京市相对成熟与稳定的房地产市场为依托，具备良好的经济机遇和发展前景。

文化机遇则表现在：望京地区处于深厚的京派文化的辐射范围内，同时又强调现代生活方式与生活理念，对京城乃至更大范围内的知识阶层及时尚人士具有强烈的吸引力。

望京地区的困惑：如上所述，有这么多良好的综合发展条件，望京地区本应该建设成一个真正具有一流水准的超大型现代化新城。但遗憾的是，现今望京地区的整体城市环境却不尽如人意（图13）。

9.方庄小区内的购物及美食街
10.特色楼盘时代芳群园
11.鸟瞰方庄地区

通过相关的调查与分析，发现造成望京地区在发展上出现困惑的原因主要有四个方面：即原规划中存在的问题，城市管理过程中出现的问题，城市建设过程中出现的问题，以及由于在城市新的发展要求下所出现的不适应的问题。但核心是城市规划管理的问题。反应在最终的建设效果上则表现为以下八个突出的焦点问题[4]。

① 城市功能不完善、缺少产业支持：望京地区是北京市总体规划中确定的城市"副都心"和现代化新城，是以"一座城市"的功能性质来定义的。但目前区内大型商业、交通、文化娱乐、地面公共停车场和综合服务设施严重缺乏且分布不均，更没有能带来就业岗位的相关项目的引入，所谓"城市功能"未能在用地结构上得到相应的体现。

② 部分道路性质与两侧的用地性质不符：如作为望京地区的生活与交通主轴，及城市主干道的广顺大街（南湖渠东路）两侧目前主要为住宅建设用地（图14），而相应的市级公共建筑及交通设施缺乏，使这条主要的城市干道在用地功能上不尽合理，在景观风貌上也不够突出，未能起到应有的主导作用、体现应有的性质。

③ 道路规划不完整：主要表现在区内道路的系统性不强及部分道路的红线及断面设计不合理。在建筑与街道之间没有相应的过渡空间和功能组织，"人气"不足、生活不便。

④ 公共绿地严重缺乏且不成系统：虽然区内的绿化总指标满足了相关的规划设计要求，但大都分散在各小区或单位内部，并不是真正意义上的城市公共绿地，系统性就更谈不上了，致使近十年来这里的整体环境仍然显得十分杂乱。

⑤ 建筑的空间感、层次感不强：由于缺少总体层次的城市设计和空间布局，区内多数居住区、居住组团的土地权属分别属于不同的开发单位，而大部分修建性详细规划又由是不同的规划设计单位来承

12.远眺望京地区
13.望京内部的环境急待改善

担，尽管规划设计中的各项控制指标满足了相关的要求，但仍不可避免地出现了规划上各自为政、缺乏协调和统一的局面。同时，区内几乎没有地标类的特色建筑，建筑空间层次及景观效果平淡。

⑥ 部分用地性质的不合理变更造成用地功能失衡：如在相临的三个地块内由于用地性质的不合理变更，同时规划设计了三所大型的中学，使此类相同的用地性质过分集中和扎堆，由此出现了明显的功能分布不均的状况。

⑦ 识别性差，缺少城市设计与环境设计的层次：目前望京地区内部的大多数地方道路两侧的环境特征和建筑特征的识别性较差，各类交通、信息指示系统及环境设施、景观设施也不完善，使初次进入甚至多次进入该地区的人们仍感到茫然无所适从，与该地区要实现现代化、国际化的目标极不相称。

⑧ 与周边其他区域的交通衔接不畅：望京地区的区位和外部大交通环境固然很好，但封闭式的城市快速路、高速路往往有利于远距离的交通方式，而并不能解决近距离的通勤和处理日常生活事务。因此，整个区域被各类快速路、高速路、铁路等包围起来，加之其内部交通组织，对外出入口少及路网结构不尽合理，形成了一个典型的"瓶颈状"和"闷葫芦状"，或者说是呈"困"字型的尴尬局面。目前，在多个方向，特别是西南方向上与城市的联系显得困难重重。由于望京地区内部未能提供相应的就业岗位，因此，大部分居民仍然要回到四环以内的城市中心区上班，并且主要集中在望京的西南方向上。但现状在这一方向上仅有阜通东大街接四环路（丁字路口）和望京桥两个出入口，且望京桥出入口实际上是一个只能进、不能出的单向路口。每天早晚绝大多数出城的机动车都在阜通东大街出入口进出，这里已成为全北京最拥堵的地段之一，导致该地区"上班出不了城，下班回不了家"。近期该地区的不少居民纷纷转让和出售自己的住宅而

14. 主干道两侧缺乏城市公共设施
15. 建设中的慧谷高新技术园区

另择其他区域置业和居住，反映了望京地区的矛盾已日渐突出。

望京地区发展到今天，应该说它作为分散北京旧城区人口功能的目的还是达到了，但这个本应该达至更高目标的地区，在其成长和发展过程中困惑重重、其整体效果却令人遗憾。

走出困惑与寻求突围的几点措施与对策：针对望京地区的规划建设、管理、交通、环境及用地功能等的不合理状况，应在目前已经建设覆盖的13.4km²和尚未开始建设的3.8km²用地范围内，分别进行有效的土地使用调整规划和新的规划设计，旨在对全区范围内的城市功能进行重新梳理与调整，避免出现城市发展动力的"透支"或"真空"。主要是植入一些城市功能，如增加公共设施用地、绿色开敞空间、商贸用地、并对尚未开发的3.8km²用地进行必要的控制与管理。未来应尽可能地规划一些高标准的产业用地，如高新技术园区（图15）等（现正将其中的约3km²用地规划为中关村电子城科技园[5]），适当降低居住用地比例，以实现就近上班与就业、减少通勤量，建立居住与工作、娱乐、消费、休闲等的良好结合与平衡关系。

具体来说，可以从以下几个方面来进行相关的规划设计与调整：

① 完善城市功能。对已建成区域内的部分地段和尚未建成的区域进行整体上的用地功能调整与完善，即增加市级公共设施及产业用地、寻找就业出路，使用地性质在总体上趋于合理，达到一个现代化"城市"所需要的相关功能要求。

② 对道路系统的调整与完善。如对现状道路红线及断面不合理的部分道路进行重新调整，形成宅前路、支路、次干道、主干道、快（高）速路逐级过渡的路网体系，减少硬碰硬的冲突点，同时应在多个方向、特别是西南方向上增加新的城市出入口以适应未来的发展和与周边各区域的衔接。

③ 对建筑高度的调整与控制。在参照区内现状建筑高度控制的基础上，在尚未建成的地段内对整个望京地区的建筑高度和空间环境进行整体的规划设计，以确定整个区域的建筑高度及空间形态，增强区域感与识别性。

④ 对绿地系统的增强和完善。在全区内形成绿色大背景的基础上，开辟一条由南至北的城市绿色通廊贯穿全区。同时，逐步建设一批新型城市公园——如文化公园、中心区商务公园、水上运动公园（利用区内北小河水系）、生态休闲公园等；建设城市的集中绿地和街头绿地；利用北小河建设滨河绿轴；加强全区的道路绿化及提高树种配置水平，形成具有识别性的道路景观网络。

对望京地区成长与发展中的问题的分析与研究，以及针对其问题提出以上这些规划措施与对策，或许并不能根本上解决望京地区的所有问题，但如果能建立一种有效的分析与思维方法，仍将会为今后类似的规划和设计带来一些有益的启示与帮助。

四、结语

巨型"居住社区"的生长与发展固然有其自身的规律，但作为运用和掌握城市规划技术手段的管理者与规划师来说，仍然可以通过自己的努力（包括技术上、管理上和行政上的），将其中有可能出现的矛盾、困惑与冲突降至最低，从而尽可能使之达到一种相对平衡的状态。

就目前而言，巨型"居住社区"呼唤着城市新功能的介入，即需要一定的城市功能来支撑区内正常的生活。因此，应尽可能地将这些巨型"居住社区"置于城市功能比较完善的区域，或是将一些城市产业内容纳入其中，在有效地吸纳城市人口的同时，分解部分城市的功能，既减轻城市就业及交通等的压力，又为社区增强活力。这样，可以有效地使这些区域避免单一的、线形的居住与经济发展模式，而朝着复合的、循环型居住与经济发展模式方向迈进，最终实现社区的良性循环与可持续发展。

注释：

1. 凯文·林奇《城市形态》，第289页

2. 张剑、余美英等《2001北京楼市热点区域》；

3. 2001年5月中国城市规划院林纪、谢从朴等所编制的《北京望京地区土地使用调整规划》

4. 2001年5月中国城市规划院林纪、谢从朴等所编制的《北京望京地区土地使用调整规划》

5. 2001年9月中国城市规划院林纪、谢从朴等所编制的《北京中关村电子城科技园慧谷新区规划方案》

参考文献：

1、凯文·林奇《城市意象》

凯文·林奇《城市形态》

张剑、余美英等《2001北京楼市热点区域》，2001（12）

林纪、谢从朴等《北京望京地区土地使用调整规划》2001（5）

林纪、谢从朴等《北京中关村电子城科技园慧谷新区规划方案》2001（9）

作者单位：中国城市规划设计研究院

生态住区评估体系的对比思考与发展建议

唐燕 许景权

人居问题是社会发展的一种综合问题，生态住区作为人们面临生态危机提出的一种居住对策，是中国住宅产业发展的长远目标。为了检测住区的生态目标实现程度，建立相应的评估体系来反映住宅在各类环境表现中的"相对绿色"程度，可以有效规范住宅建设市场，宣传和推广住宅可持续设计，因此对于我国的住区生态化建设具有极其重要的意义。

我国关于生态住区评估体系的研究正处于探索阶段，北京、天津、上海、西安等地的众多机构在这方面开展了大量的工作。2001年9月底，全国工商联住宅产业商会公布《中国生态住宅技术评估手册》（以下简称《评估手册》），并结合"亚太村"国际生态住宅品牌投入运作，标志着我国生态住区建设逐渐摆脱了"绿色口号"的混沌状态，开始迈向"有法可依"的实施性阶段。《评估手册》作为我国第一部生态住宅评估标准，实现了体系从零到有的突破，在此基础上，如何继续学习和借鉴发达国家绿色建筑评估体系的经验，进一步建立和完善我国"第二代"生态住区评估系统成为亟待探讨的问题。文章通过国内外生态建筑评估体系的对比分析，对我国生态住区评估体系的现存问题和未来发展提出积极建议。

一、LEED、BREEAM、GBC三大绿色建筑评价体系的分析借鉴

1990年，自英国政府官方机构BRE（Building Research Establishment）推出了世界上第一部绿色建筑评估系统BREEAM（Building Research Establishment Environment Assessment）"办公建筑"分册以来，发达国家在绿色建筑评价领域的研究已经有十几年的历史。其间各国出现了许多结构各异、类型不同的系统，如美国LEED（Leadship in Energy & Environment Design），多国参与的GBC（Green Building Challenge），加拿大BEPAC（Building Environmental Performance Assessment Criteria），日本环境共生住宅A—Z，挪威Eco—profile，香港HK—BEAM等等。尽管各个体系正在逐步成熟，但是由于受到知识和技术的制约，各国对建筑和环境的关系认识依然不够，评估体系都还存在一些局限性。这里选择最具代表性的LEED、BREEAM、GBC三大体系，通过对比分析来探讨国外绿色建筑评估体系的发展改进趋势，用以指导我国生态住区评估系统的建设。

1.主要评估要素和评估方法的简要对比

国内对LEED、BREEAM、GBC体系已有一些相关介绍[1]，这里通过简表把各个系统的主要评价要素和评估方法总结如下（表1）。三大绿色建筑评价体系普遍都采用了定性和定量相结合的分类法，把几大类问题分解为若干的层次，并通过对各层次指标的评估分析得出对整体的评价。评估结果采用计分的形式，以直观的数值显示评价对象的绿色程度，GBC还采用计算机辅助程序，开发了自己的评估软件GBTool。

2.绿色建筑评估体系的发展改进趋势分析

绿色建筑评估体系的发展过程中，各体系的很多局限和不足不断被发现和改进，关键问题也开始获得整体性的共识。这些发展改进趋

三大评估系统的评价要素和方法对比　　表1

评估系统名称	评估对象（各个分册）	评价条目内容	计分／权重／评价结果
LEED（美国绿色建筑委员会）	商业建筑 住宅（正在开发中）	场地设计 能源和大气 节水 材料和资源 室内环境质量 革新设计	使用者选取计分条目 有必须满足的前提条件，满足后才能进入项目评分 每条款都详细计分，达到规定得分条件可以获得相应分数 各计分累积得总评分，按照总评分划分认证等级：通过、银奖、金奖、白金奖 没有明确的权重体系 每三年更新一次

三大评估系统的评价要素和方法对比 续表

BREEAM（UK，英国建筑研究所）	商业办公（新建和旧有） 住宅（生态住家） 零售超市，大型超市 工业单位	管理（政策、程序） 能源（运营耗费、CO_2） 健康和舒适（室内和室外条目） 污染（空气、水） 运输（CO_2、区位因素） 土地使用（绿地、废弃灰地） 场地生态评价 材料 水消耗和使用效率	每个条目都计分 使用权重获得最终的整体得分 得分转换为通过、良好、优良、优秀四个等级（或者转化为向日葵等级） 给与认证 有规律的更新 从体系使用以来，英国25%的新办公建筑得到评估认证
GBC2000（加拿大自然资源部发起，多国参与）	商业建筑 集合住宅 学校	资源消耗（能源、土地、水、材料） 环境负荷（温室效应气体、臭氧破坏物质、固体废弃物、酸化、排水、对场地和邻近财富的影响） 室内环境质量 服务质量（适应性、可控性、性能维护、舒适性） 经济性（生命周期、资金、运营/维护） 使用前运营（建造管理、运输） 注：后两项在GBC2000中为可选项	每条条目都记分，得分范围从-2到+5 评分方法，大部分项目以与被评建筑物相似的按常规标准设计的建筑物作为基准，性能好过基准的加分，差的减分 得分基准源于典型案例、地方规范、或国家标准 对各个条目及其子条目都给出了默认的权重系数，权重可以根据情况修改以适用于全球各地 得分按类别统计，评估结果按照四个主要的大类分独立的四栏给出

势体现在多个方面，其中健全建筑设计指导功能、增加科学的权重对建立完善我国生态住区评估体系具有直接重要的参考价值。

（1）成为建筑生态设计的指导工具

尽管最初绿色建筑评估体系建立的目的不是为了给建筑的生态设计提供指导，但是由于没有更好的其他途径，评估体系便担负起了这个作用，并且这个功能越来越被强化，甚至成为体系是否完善的一个重要衡量要素。这种趋势要求从概念上分清建筑设计和建筑评估的内在关系，建筑设计（整体的系统设计）是一个上到下的过程，开始于综合理念然后逐渐深入到细部操作。而进行建筑评估是一个从下至上的方向，从获取详细的技术细节资料和特征开始，来综合评判一个设计的整体环境性能（图1）。那么评估体系如何来指导建筑设计呢？评估体系最重要的好处在于它可以提供一套系统的方法来将环境性能目标和标准综合到建筑设计中去，好的评估体系需要满足技术工具和性能评定的双重功能，把设计指导和性能评估共同物化到系统的指标和条目中去，使得体系用于评估的同时还可解决什么是性能指标的技术解决方案，如何设计和建立一个系统来达到给定的性能标准等问题。所以对于建筑设计而言，这些指标条目代表着努力目标、方向和要求，对于建筑评估而言，这些指标条目则意味着基本分析结果的输出。如GBC的嵌套式评估原则可以使得所有条目在"设计-评价"过程中被确定和应用；LEED系统每个大项内具体包括了若干个得分点，各个得分点下都包含目的、要求、相关技术对策三项内容，可以最直接地用来指导设计。

（2）权重体系和权重系数的引入

随着不同评估体系的建立，大家逐渐认识到当生态住区的评价指标体系采用分类、量化打分的方法时，会涉及一个极其重要的问题，由于各个评分点相对于住宅环境表现的重要性是不一样的，所以必须要引入表达指标相对重要性次序的权重系数来对得分结果加以调节。在生态住区的评估中，权重系数表现的就是各评估因素在某一地区相对其他因素的重要性。通常来讲，权重系数基本都通过征求包括政府决策人员、专家学者、材料生产商和环保组织等在内的各方面的意见，在各方"共识"的基础上制订完成。

权重系数的正确程度会影响到评估结果的科学性，权重体系的难易也会直接影响到评估体系的复杂程度。在三大体系中，LEED的结构相对简单，评估体系中没有提出明确的权重内容，只是通过将69个得分点按照一定的比例分配到6大评估项目中，来体现各个评分项目对环境影响的主次关系（图2）。这样的体系虽然简单，但在更新过程中就必须面临和考虑如何保持这种分配比例的问题，如果6个方面得分点的增减不平衡会影响到整个评估系统的前后一致性。英国的BREEAM使用的是一次权重，用来反映不同的评估类别之间的相对重要性，结构既清晰明了，又合情合理。早期的BREEAM结构过于简单，缺乏权重以区别不同条款在整个环境影响中的不同重要性，自从1998年BREEAM首次引入权重系统后，整个评价体系得到了较大的提升，从而日趋完善。加拿大GBC中的权重体系是最为复杂的，它采用树形的多次权重评估方案，将权重系数用于每一条评估条款。树形权重体系的直接结果就是增加了评估系统结构的复杂性和实际操作的难度，但同时也使得GBC评估体系具有更广泛的适应性和更长远的发展优势，因为通过调整权重系数和初始条件，系统可以适用于全球范围内各个地区（图3）。

二、《中国生态住宅技术评估手册》的建立

《中国生态住宅技术评估手册》是由建设部科技司组织，建设部科技发展促进中心、中国建筑科学研究院、清华大学三家单位参与编写的，是我国在绿色建筑评估体系上正式走出的第一步，该手册对推动我国生态住区建设的评估与认证起到了非常积极的作用。《评估手册》的体系结构与美国LEED类似，从小区环境规划设计、能源和环境、室内环境质量、小区水环境、材料与资源五个方面对居住小区进行全面评价，各个评价条目都包含目的、要求和措施三项内容，可以用于直接指导建筑设计。当居住区的上述五大指标都在60分以上时就可被认定为绿色生态住宅，分体系得分在80分以上者可进行绿色生态住宅单项认定。

具体来讲，"小区环境规划设计"包含8小项：小区区位选址、交通、施工、绿色、空气质量、噪声、采光与日照、微环境；"能源与环境"包含4小项：建筑主体节能、常规能源系统的优化利用、可再生能源、能源对环境的影响；"室内环境质量"包含4小项：室内空气质量、室内热环境、室内光环境、室内声环境；"小区水环境"包含6小项：用水规划、给排水系统、污水处理与回收利用、雨水、绿化和景观用水、节水器具与设

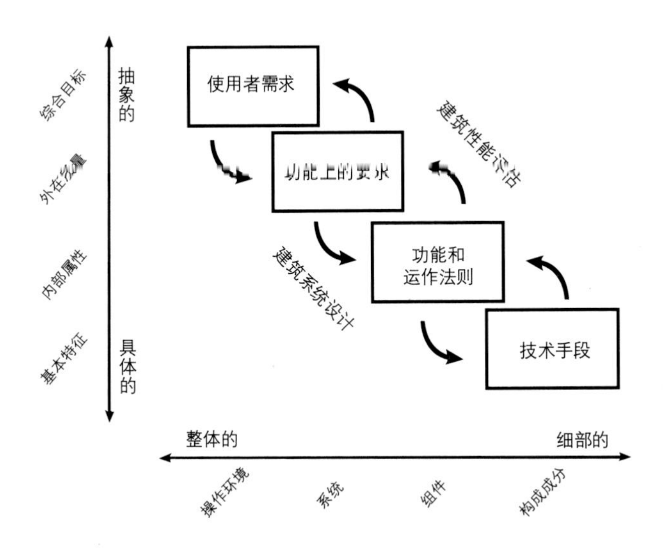

1

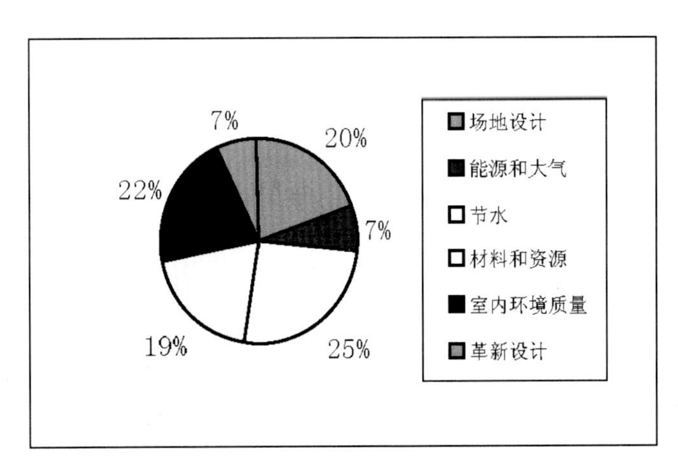

2

1 建筑设计与建筑评估的内在联系和区别 （资料来源：Building Research & Information (1999) 27(4/5), 304）

2. 美国LEED中69个评分点的比重分配

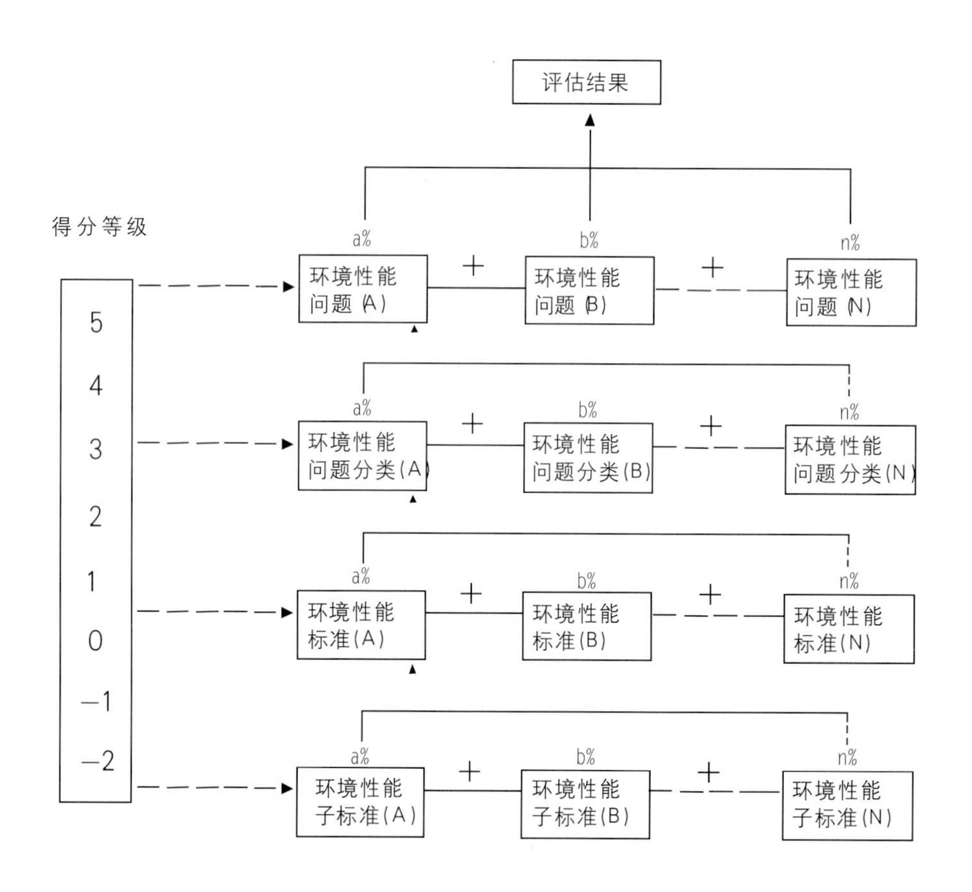

3

施；"材料与能源"包含5小项：绿色建材、就地取材、资源再利用、住宅室内装修、垃圾处理。

三、我国生态住区评估体系思考与发展建议

《评估手册》的颁布与试行，是我国绿色建筑评估的良好开端，但由于现实条件的限制，手册尚存在许多不足，所以结合我国国情，探索建立新型的生态住区评估系统依然是许多科研机构的重要课题。参考国外绿色建筑评估体系的发展变化趋势，可见在下一个阶段，我国生态住区评估体系的发展需要注重的问题更多，重点落在以下三方面:

1.评价指标的修正和量化

建筑的生态评估是一个高度复杂的系统工程，一方面系统涉及的可评估条目纷繁复杂无法穷举，很多数据信息难以获得；另一方面对于许多社会和文化因素，确定其评价指标并加以量化非常困难，因此评估体系必须随着时间的推移作不断地修正以求更趋完善。以《评估手册》为例，目前我国投入使用的《评估手册》由于是首期成果，又受现阶段技术水平的限制，相对而言略显粗糙，具有很大的提升空间。正如清华大学秦佑国教授（主编之一）所讲，我国建立自己的评估体系难免要先"粗"后"细"，先"定性"后"定量"。评估体系需要经过制订、试行、调整、修改、再试行的过程。在开始制订时，可以"粗线条"一些，定性评价多一些，即考察是否具有了生态住宅的概念和基本特征，是否尽心采取了适宜的生态技术措施。我国目前还缺少生态评估的一些基本数据，例如我国各种建筑材料生产过程中的能源消耗数据、CO_2排放量数据，各种不同植被和树种的CO_2固定量数据等，这就使得几个基本项目因目前尚缺乏基础性数据而难以做定量评价，有待于在今后开展了有关的基础性研究后再改进。[2]" 所以建立起了基本的评估结构体系后，评价指标的进一步修正和量化工作就变得极其重要，这将是一个持续漫长而又艰巨的过程。现在《评估手册》每年都会升级，2002年版已面世。

2.权重体系的建立

引入适宜的权重系统，确定科学的权重系数对评估体系的结构构成和评价结果的客观性有非常重要的影响。《评估手册》和LEED类似，而且比LEED更加明显地表现出缺乏必要的权重，这样就会造成：对评估要素的相对重要性不加区别，无法获得最后的综合评分结果，增添条目时会改变得分点的整体结构分布等许多问题。当然《评估手册》做这样的选择和中国的现实是分不开的。在我国绿色建筑实践尚不成熟的实验阶段，相对简单和透明的绿色建筑评估法更易于理解和接受，能激发和鼓励人们对绿色建筑的兴趣、探讨和实践，而权重系统

3 加拿大GBC的权重系统，加权系数a%+b%+…+n%=100%（资料来源《绿色建筑评价体系研究》，李路明）

的引入无疑会增加评估的复杂性。同时如果没有足够深入的研究，建立一套非常科学严谨的权重系统困难也较大。但下一步的研究中，建立合理的权重将成为一个不可回避的核心问题。目前天津和西安都在进行这方面的尝试，他们将AHP模型（层次分析法）应用到评价体系中来，相应地建立起一套完整的权重体系。AHP是美国T·L ·萨蒂教授于20世纪70年代首先提出的一种定性与定量相结合的决策方法，这种方法在各学科领域中均有广泛应用。利用AHP方法可把复杂问题分解为若干有序层次，并根据对一定客观事实的判断，就每一层次各元素的相对重要性给予定量表示。例如《天津市生态居住区建设技术规程（征求意见稿2002.11）》的整个评价结构共分四层：总目标层、分目标层、准则层和基本指标层，评估时要对基本指标层的各项分别加以打分，然后通过三次权重计算，得出最后的综合总评分。按照最后得分对居住区给予的生态认定分为三个等级：A领先型（90分以上）、B先进型（75分以上）、C基本型（60分以上）。在目前的科学技术水平下，还很难客观、严谨地定出建筑对环境的各项影响孰轻孰重，并针对不同地区的自然气候、人文特点确定不同的权重系数。因此权重问题便成为各个评价体系中的一个难点，还有大量的工作要做。

3.市场运作的可操作性及其费用

让生态住区评估体系顺利有效地在市场上运作起来，是体系建设的最终目的，所以评估体系在建立的初期就必须考虑市场运作的可操作性和费用问题，也即体系的适用性。评估体系要力争对住户和发展商都有一定的吸引力，使他们能够通过体系的量化指标，更准确的认识生态建筑的经济效益和环境效益，以推进住区生态化的前进步伐。国外绿色建筑的评估认证大多为一种非营利性质的商业行为，评估本着自愿参与的原则，首先由被评方主动向专门的负责机构（大多为非政府组织）提出评估申请，并附上相关的项目资料。申请通过以后，组织派专业队伍进行项目评估并提出改进建议，大部分机构还会按照评估结果授予相应等级的认证。整个评估过程会收取一定的费用，主要是用于平衡评估过程中所花费的人力物力。在我国，《评估手册》直接与"亚太村"[3]国际生态住宅品牌认证挂钩，由"亚太村"品牌管理委员会负责相关事务，评估程序与上述国外流程类似。总体上来讲，"亚太村"品牌认证自推行以来运作良好，已有广州、北京、天津、西安、成都、沈阳、常州7个城市的8个住宅开发项目申请参与评估，其成功经验值得推广借鉴。目前参与该品牌评估的项目主要来自于一些实力雄厚的房地产公司，如广州乔鑫集团开发的"汇景新城"，四川万达房地产有限公司开发的"滨河印象"，天津顺驰投资集团有限公司开发的"梅江蓝水园"等。

四、结语

发达国家的生态建筑评估体系往往按照建筑功能，分别制定办公建筑、学校建筑、商业建筑、集合住宅等不同类型的评估分册。现在绿色建筑评估体系在我国也开始由住宅领域发展到其他建筑类型中，如最近新颁了《绿色奥运建筑评估体系》，相信在不远的将来绿色建筑评估体系在中国的影响会越来越大。

参考文献

1. 秦佑国. 生态住宅及其评估体系. 中国住宅，2002.7

2. 徐子苹，刘少瑜. 英国建筑研究所环境评估法BREEAM引介，新建筑，2002.1，55–58

3. 李路明. 绿色建筑评价体系研究，导师：黄为隽，天津：天津大学硕士论文，2002.6

4. 天津市建设委员会. 天津市生态居住区建设技术规程（征求意见稿2002.11）

5. 中国生态住宅技术评估手册（2001第一版）

6. Raymond J. Cole. Emerging trends in building environmental assessment methods: Building Research & Information (1998) 26(1), 3–16

7. Building environmental assessment methods: applications and development trends: Building Research & Information (1999) 27(4/5), 300–308

注释

1. 具体可参见《世界建筑》2002/05,《新建筑》2002/01、2003/01,《中外建筑》2003/02

2. 生态住宅及其评估体系，见中国住宅网 http://www.chinahouse.info/zhuanjia

3. "亚太村"生态住宅是由全国工商联住宅产业商会和中国太平洋经济合作理事会（PECC）中国委员会工商委员会联合发起的一个住宅联合品牌建设项目。"亚太村"组织了特别的专家委员会，以保证认证标准的科学权威，并形成了一整套完善的文件和流程体系，由管理委员会组织评估。

作者单位：清华大学建筑设计研究院

居家装修木板

尹利君 崔英丽

一、基本情况

大芯板，国家标准称为细木工板，是现阶段我国居家装饰板材的主导产品，广泛应用于室内装饰装修领域，如：壁柜、门框、窗框、门芯板、家具、窗帘盒、暖气罩、踢脚板、橱柜等。与之同属人造板范畴的还有密度纤维板、刨花板、胶合板等，人们熟知的各类家具（除实木家具外），复合木地板、橱柜等大多用它们作为基材。

中国细木工板的年产量已经超过2亿m^3，年产值逾2000亿元。建材与房地产业的关联度很高，我国每年木材的40%都用于房地产开发建设中，从这个角度推算，中国用于房地产开发的木板高达800亿元人民币。

近年来伴随我国人造板产量的提高，人造板市场中发生的大量质量投诉亦呈增升之势，例如规格尺寸不合格、材料以次充好等等。其中最为严重、消费者反映最强烈的是人造板含甲醛公害愈演愈烈的痼疾。人造板环保与否，与在生产过程中使用的胶是否环保有很大关系。由于人造板类产品主要原料是脲醛剂作为胶粘剂，这种胶原料易得，价格低廉，生产工艺相对简单，使用方便，因此，是当前木制品生产长期所依赖的核心原料产品。人造板甲醛释放量须低于1.5mg／L，这样的产品被定义为E1级，被允许直接用于室内，但现在有些厂商在利益的驱使下，依然生产和销售达不到El级标准的产品，直接威胁着消费者的身体健康。

甲醛是具有强烈刺激性的气体，是一种挥发性有机化合物。甲醛对人体健康影响主要表现在刺激眼睛和呼吸道，造成肺功能、肝功能、免疫功能异常。已被国际癌症研究机构确定为可疑致癌物。事实表明，胶合板甲醛释放量如果大于60mg/100g（采用穿孔萃取法检测），就会对人体健康造成伤害。

人的一生有2/3的时间在室内度过，与各种不同的人造板材为伴，它们质量的优劣，直接影响人们的身体健康。据一项调查显示，目前许多民用和商用建筑，室内空气污染程度是室外空气污染的2～5倍，有的甚至高达100倍。全世界每年有280万人直接或间接死于装修污染，其中半数以上是14岁以下的少年儿童。我国68%的人体疾病与室内污染有关。据悉，北京市区住宅装修后的居室普遍甲醛超标，最高超标73倍。

国外自20世纪60年代着手研究解决甲醛释放所带来的污染问题。其中欧洲、日本、美国等发达国家和地区于20世纪90年代相继制定了严格的甲醛释放标准。国家标准规定甲醛释放量采用穿孔萃取法时，限量值为≤9mg/100g，采用干燥器法，限量值为≤1.5mg/L。根据2002年1月1日起实施的《室内装饰装修材料人造板及其制品中甲醛释放限量》的要求，直接用于室内的细木工板（大芯板）的甲醛释放量一定要小于或等于每升1.5mg，如果甲醛释放量小于或等于每升5mg，则必须经过饰面处理后才能用于室内，甲醛释放量超过每升5mg即为不符合标准。规定明确指出，从2002年7月起，将停止销售不符合国家标准的产品。由此可以看出，中国对木板的环保要求越来越高。

二、国内产品现状

目前，在我国装饰装修领域，受加工工艺的限制及胶粘剂品质的差异，市场上流通的细木工板，绝大多数的甲醛释放量都严重超标，已对公共环境和人体健康造成严重危害，非环保型细木工板仍占市场主体。

2002年3月14日，中国消费者协会公布了对北京市场上销售的33种牌号的细木工板（大芯板）的测试和比较结果，其中甲醛释放量的测试结果令人担忧，33种产品中只有一种合格，甲醛释放量超过20mg/L的有10个牌号之多。

该次测试的结果与新的甲醛释放量限量规定相差甚远，北京市场的大芯板不合格率高达97%。除了福仁牌大芯板的甲醛释放量符合规定之外，其他测试品牌均超标。结果显示：甲醛释放量每升小于1.5mg的只有一个样本，在5～20mg之间的有22个牌号样本，大于20mg的有10个牌号的样本，其中鸿泰、福球、幸福金秋、福昌等牌号指标较高，分别为40.2、31.6、30.8、26.5mg。 福军、森森、鸿飞、春林等15个品牌的大芯板没有达到最基本的横向静曲强度的要求，产品承受外力的能力较差；福球、金华、三星等8个品牌的大芯板容易开胶。

令人欣慰的是环保型产品已经在市场上出现。在北京市科委新材料发展中心、北京市环保协会、中关村科技园区、市区科委、市区私企协会的支持下，北京已经开发研制成功了"环保型脲醛胶"，并在此基础上，采用降醛技术生产出了超过欧洲、日本现行低释放标准环保型大芯板。

在环三环、东方家园建材超市、居然之家上市了一种由实木制成的集成材料。据介绍，这种集成板材是由进口的美国阿拉斯加云杉为原材料，切割成不同长度的条状，采用国际上流行工艺——直接横拼法拼接而成，由于其整个基材全部为实木条，黏合剂只用于实木条之间的粘合，而且使用的是国际上的环保黏合剂，其甲醛最高含量仅为2g／100g（穿孔萃取法），低于国家规定A类环保装饰板材甲醛含量低于9mg / 100g的标准。

目前市场上还有另外一种环保型产品——"欧松板"，欧松板国际上统称为OSB。由于欧松板是用松木经过多道工序制作而成，重组了木质纹理结构，从而使它的物理性能与大芯板、密度纤维板及普通刨花板有本质的区别，欧松板采用环保胶粘剂，符合欧洲最高环境标准EN300标准，成品符合欧洲E1标准，其甲醛释放量经国家权威机构检测，欧松板的甲醛释放量为5mg / 100g（穿孔萃取法），欧松板性能可以与天然木材媲美，满足人们对环保和健康生活的要求。

三、欧松板的特点

工艺特点：欧松板是一种德国生产的新型结构装饰板材，是当前世界范围内发展最迅速的板材。它以速生间伐松木为原料，通过专用设备加工成40～100mm长、5～20mm宽、0.3～0.7mm厚的刨片，经干燥、筛选、脱油、施胶、定向铺装、热压成型等工序制成的一种新型人造板材。其工艺具备大型流水生产的条件，产品质量稳定。

物性特点：由于欧松板重组了木质纹理结构，从而使它的物理性能与大芯板、密度纤维板及普通刨花板有本质的区别。欧松板内部结构非常紧密，而且有大量的长木纤维，线膨胀系数极小，内部结构稳定，膨胀变形小，其抗震、抗冲击能力及抗弯强度远高于其他板材，在大跨度空间应用领域中被用作承重楼板、房屋顶棚或简易桥梁盖板等。

加工性能：欧松板的结构消除了木材内应力对加工的影响，使它具有易加工性。和原木一样，欧松板可用标准的固定机械设备和手持工具在任意方向上进行钻孔、刨削、锯加工及成型加工。欧松板内部为定向结构，其内结合强度高，没有接头、缝隙、裂痕，整体的均匀性好，具有超过普通板材的握钉能力。其表面具有独特的纹理，可涂刷清漆、涂料或粘贴装饰层。

环保特点：欧松板采用环保胶粘剂，符合欧洲最高环境标准EN300标准，成品符合欧洲E1标准。其甲醛释放量经国家权威机构检测为5mg/100g，可以与天然木材相比，符合国家一级标准。

防火特性：国内发生的严重火灾，大多是因为建筑装饰材料的防火等级低所引起的。欧松板经德国权威机构严格检测，符合德国DIN4108和DIN4102标准，并且获得德国建筑技术研究所（德国法定机构）颁发的《一般建筑监督许可证》。这也是建筑用木板必要的特点。

性能价格比：欧松板具有的优越性得到国家建设部、中国装饰装修协会、中国林产协会、地板专业协会、中国包装协会的认可。其市场价格与高档大芯板相当，而与之性能接近的实木板材的市场价格则较高。因此，欧松板具有高的性能价格比。更有意义的是，作为一种低能耗、利用速生间伐松木作原料的建筑材料，欧松板的广泛使用将有利于保护全球森林资源，因而对改善人类生存环境和保护生态环境有重要的意义，符合国家政策导向和世界发展方向。下面是国家人造板质量监督检验中心对欧松板检测数据：

检测项目	平行静曲强度MPa	垂直静曲强度MPa	平行弯曲弹性模量MPa	垂直弯曲弹性模量MPa	内结合强度MPa	含水率%	板内密度偏差%	24h吸水厚度膨胀率%	垂直板面握螺钉力N	平行板面握螺钉力N	甲醛释放量（干燥器法）mg/L
依照标准	LY/T 1580—2000	LY/T 1580—2000	LY/T 1580—2000	LY/T 1580—2000	LY/T 1580—2000	LY/T 1580—2000	LY/T 1580—2000	GB/T 4897—92	GB/T 4897—92	GB/T 4897—92	GB/T 18580—2001
标准规定值	≥18	≥9	≥3500	≥1400	≥0.3	2~12	±10	≤20	---	---	1.5
检测结果	25.1	19.8	5391	4823	0.33	6.9	+5.3 −3.5	10	1857	1792	1.0

由表中数据可见，欧松板的平行静曲强度高出标准值39%，垂直静曲强度高出标准值120%，平行弯曲弹性模量高出标准值54%，垂直弯曲弹性模量高出标准值240%，内结合强度高出标准值10%，24h吸水厚度膨胀率比标准值低50%，甲醛释放量（干燥器法）比标准值低33%。

欧松板属于绿色环保建材，在北美、欧洲、日本等发达国家，用量极大，建筑中的胶合板、刨花板已基本被它取代。欧松板不仅适用于大型建筑施工、装饰领域，而且广泛应用于居家住宅、别墅，如著名的香格里拉酒店、希尔顿酒店、海德堡、Sofitel、日本的新日铁、泰国的A-ONE等都大量使用欧松板作为室内装修材料。在中国，欧松板起步较晚，但已呈蓬勃发展之势。在北京小汤山温泉别墅区、王府花园也都使用欧松板作为室内结构和装饰用材。另外，欧松板还广泛用于家具工业、包装材料业、火车、船舶内部装修等方面，应用前景十分广阔。

作者单位：北新集团建材股份有限公司

2004“健康住区”北京国际学术论坛

经济文化迅速发展的众多成果之一就是人们的居住需求愈发趋于多样化，个性化、健康化。早期单纯以居住为主的需求正逐步发生新的转变。“健康住区”所要提供给使用者的就是一个可以支持健康生活方式的物质环境。进而倡导人与环境、人与人关系的和谐，使人的生活潜能得到最大程度发挥与发展的全新概念。本次“健康住区北京国际学术论坛将邀请美国得克萨斯州A&M大学，清华大学及《住区》杂志等专业院校与媒体的建筑大师和学者们进行一次全面深入的研究与探讨。本次活动诚邀社会各界关注建筑的人士参加。

■报告精萃：

“健康建筑与健康住区”

——胡绍学教授，清华大学建筑设计研究院总建筑师，全国建筑大师，《住区》主编

“西方健康社区运动的历史与理念”

——Sweeney,Donald A.博士，美国得克萨斯州A&M大学副教授

“关于自然环境对人的身心健康之研究，从康复花园到健康社区”

——Ulrich,Roger S.环境心理学博士，健康设计中心主任，A&M大学教授

“健康社区设计方法及其在中美的实践”

——黄常山先生，景观建筑学博士

美国得克萨斯州A&M大学副教授，景观建筑与城市规划系副主任

“健康建筑设计与设计师培养的趋势”

——Mann,George J.教授，美国得克萨斯州A&M大学

Ronald L.SKaggs HKS建筑公司总裁，前美国建筑师协会主席

“健康住区规划”

——金笠铭教授，清华大学建筑学院

“美国社区发展与规划实践“

——Shakawy,Atef.美国得克萨斯州A&M大学教授，地产开发学博士

■会议招商：

欢迎各房产企业，建筑设计单位积极参与。

■以上详情请咨询承办单位：

联系方法：北京东易和文化交流中心 李全 米娜 王双 张英 (010)82844971 82845877 82844968/4965

地　　址：北京市朝阳区北四环中路6号深蓝华亭D座1A(100029)

传　　真：(010)82844972

信　　箱：lcc@cyh.cc

网　　址：WWW.cyh.cc